心灵培养丛书

中学生自我意识训练

于浩晨 编著

吉林人民出版社

图书在版编目(CIP)数据

中学生自我意识训练 / 于浩晨编著 . -- 长春 : 吉林人民出版社, 2012.4

(中学生心灵培养丛书)

ISBN 978-7-206-08548-2

Ⅰ.①中… Ⅱ.①于… Ⅲ.①中学生 – 自我意识 – 心理训练 Ⅳ.①B844.2

中国版本图书馆CIP数据核字(2012)第048289号

中学生自我意识训练

ZHONGXUESHENG ZIWO YISHI XUNLIAN

编　　著:于浩晨

责任编辑:郝晨宇　　　　　　　　封面设计:七　洱

吉林人民出版社出版 发行(长春市人民大街7548号　邮政编码:130022)

印　　刷:鸿鹄(唐山)印务有限公司

开　　本:670mm×950mm　　　　1/16

印　　张:10　　　　　　　字　　数:70千字

标准书号:ISBN 978-7-206-08548-2

版　　次:2012年7月第1版　　　印　　次:2023年6月第3次印刷

定　　价:35.00元

目　　录

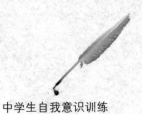

目　　录

我是一名中学生

情感共鸣

今天一大早，明明就起床了。他的心情格外好，因为从今天开始，明明不再是别人眼中的小孩子了，他已经是一名初中学生了。明明高兴得真想对着窗外大喊："我长大啦！"妈妈也格外高兴，她摸着明明的头说："明明，你已经是个真正的男子汉了，以后不用妈妈再为你的功课操心了，你应该能够自觉地学习功课了，对吗？""那还用说，我已经懂事了。"明明自豪地答道。

早饭之后，爸爸因为工作忙，先走了。妈妈像往常一样要送明明上学，谁知明明背起书包，一溜烟地跑下了楼，走廊里回荡着明明那又脆又亮的声音："从今天开始，我再也不用你送了，不然，别人会笑话我的，你别忘了，我已经是个男子汉了！"望着窗外儿子那仍旧瘦小却极其挺拔的身影，妈妈的嘴角挂上了欣慰的笑容。

认知理解

儿童的自我意识是一个不断发展的过程。

儿童生活的第一年没有自我意识，他们还没有把自己作为主体从周围世界的客体中区分出来，他们甚至还不知道自己身体的各个部分是属于自己的。

大约到第一年末，儿童开始能把自己的动作和动作的对象区分开来，以后又能把自己这个主体和自己的动作区分开来。从这时起，儿童开始认识了自己与客体的关系，也认识了自己的力量。这是自我意识的萌芽。

在生活的第二年，儿童开始认识到自己的身体的各个部分，也知道了自己的名字。

2—3岁的儿童在与其他人的交往中，逐渐懂得哪些东西是属于自己的，哪些东西是属于别人的，并且学会了用"我"这个人称代词，这说明儿童有了真正的自我意识。

自我意识是意识的一种，是作为主体的我对于自己以及自己与周围事物的关系，尤其是人际关系的认识。这就是自我意识的概念。

儿童进入学校以后，自我意识出现了加速发展的现象。一方面是由于儿童已能利用语言符号调节和指导自己的行动，另一方面是因为客观环境向儿童提出了一系列的要求，迫使儿童要经常按照这些要求来对照检查自己的行为，加上成人和同伴也经常以这些要求来评定儿童的行为，因而使儿童对自我有了更多的了解。不过总的说来，小学生毕业时自我评价的水平还是很低的。

在进入初中以后，学生的自我评价开始由具体的、个别的评

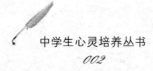

价向抽象的、概括的评价过渡。儿童也开始意识到自己不再是个小孩子了，出现了"成人感"。同时，虽然父母和教师还未把儿童当成人看待，但也不再把他们当孩子了，向他们提出了更高的要求，这时的儿童最希望得到父母和老师的尊重，希望别人把他们像成人一样对待，让他享受与成人一样的权利。如果这时父母把他们当作孩子，则会引起他们的不满，认为这是父母对他的束缚和监视。少年与父母的冲突往往在于父母不了解儿童的自我意识已发生了这种变化。

操作训练

1. 为了检验一下自己的自我意识有了什么样的变化，同学们可以回到自己的母校，找几名四、五年级的小同学，大家坐在一起做个小型自我测验。每个人拿出纸和笔，写出自己对自己的认识，题目就叫作《我是谁》或《我是个什么样的人》。做完之后大家可以相互传阅文章，看一看小学四、五年级的学生和初中一年级的学生对自我的评价是否一样，如果不一样，原因是什么，我们可以从生理上、心理上和社会三方面寻找原因。

2. 每名同学写下自己的缺点和优点各三条，然后请同班的同学评价一下写得是否正确，是否与自己的自我认识一致。

缺点：

优点：

训 练 指 导

教育目的

1. 让学生认识到自己的主要社会角色——中学生。

2. 让学生学会从别人的评价与自己的觉察中，更深刻、更全

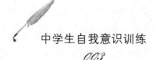

面地认识自己。

主题分析

随着自我意识的不断增强，中学生不仅向往着独立和自尊，而且更追求自我形象的完善。学生的自我评价开始由具体的、个别的评价向抽象、概括的评价过渡。全面地了解和认识自我，自己是一种渴望，也是一个难题，可以说，认识自我是人的意识的本质特征。中学生只有认识自己的思想、感情、愿望、能力是什么样的，才能认识到自己在做什么以及做的结果是什么，进而自觉地支配自己的行动。因此，让学生知道自己是一个什么样的人就显得尤为重要。

训练方法

榜样引导法；小组讨论法。

训练建议

1. 教师向学生讲述关于不能正确认识自己导致失败的故事，引发学生对认识自己重要性的思考。

2. 让学生进行小组讨论，进行互评。

3. 让学生进行题为《我是谁》的个人小结，内容涉及尽量多方面，有优点也有不足。

我为什么不行

训练内容

情感共鸣

秦良是一名初一的学生。这天,表哥带着自己年仅四岁的儿子来到秦良家做客,秦良十分高兴,因为他可以不用学习了,又可以和自己的小侄子一起玩。他们两个玩得天昏地暗,把家里闹得几乎翻了天。

吃过晚饭后,表哥带着儿子离开了秦良家。秦良也极不情愿地去做作业。这时,妈妈走过来批评了秦良,说他白天实在闹得太凶了,要不是表哥在场,妈妈一定会发火的。

秦良觉得很委屈,四岁的小侄子不也一样在闹吗?为什么他能闹,我就不能?但是秦良没敢顶嘴,因为妈妈很厉害,又是他的班主任,秦良很怕他的妈妈。

秦良没有想到,小侄子只有四岁,还是他家的客人。

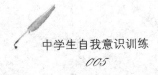

认知理解

一个人无论他置身于什么样的环境之中，都是有各种各样的准绳约束他的。在学校里有学生守则、课堂纪律；在公共场所有公共道德、公共守则；在马路上有交通规则；在工厂里有厂规；在家庭里有不成文的家规，等等。这些都构成了对每个人的约束力，难道有哪些人会置这些约束于不顾，而真的为所欲为吗？真想象不出，一个没有各项规章制度的学校会是个什么样子；一个没有厂规的工厂将会怎样。

任何规章制度和守则都体现为纪律，而纪律和自由又恰好是对立的。那么，是不是有纪律就没有自由了呢？其实并非如此。我们说一个学生有自由，那是在纪律约束内的自由。如在自己课上，你可以预习第二天的训练，也可以复习当天学习的知识，这都不会有人干涉你。那么，纪律是如何成为约束我们的力量呢？

当你想干一件不光彩的事情的时候，是否感到心跳不正常？如果你注意一下，你就会体验到当你想做一件不光彩的事的时候（如随地吐痰），你的内心世界会有两种相互制约的力量在斗争。斗争的结果，主导的一面占了上风，这就促使你去行动。这就是纪律的约束力量在你内心的反应。是一种自己对自己以及周围事物的反应，即自我意识的一种反应。当然，两种力量在内心世界的斗争激烈程度也不全相同。有时斗争不那么强，也就意识不到。尽管如此，实际上任何人在采取行动时仍受一定准绳的约束。

也许有的同学会提出这样的问题：如何才能使自己有更多的自由呢？这好办，那就是你应该知道自己在一定条件下、一定环境中应如何去做，换句话说，如果你知道你所处的那个环境的纪律，知道得越多，你的自由就越多；反之，知道得越少，你的自由就越少。假如你的行动超出纪律、规则太远的话，就根本没有自由可谈。

操作训练

我们可以采用"自省法"来看一看你是否对你当天的所作所为有所认识。如果你今天犯了错误，是否能意识到为什么犯错误，错在哪儿。

方法是这样的：每天晚上，在你上床就寝前，利用十几分钟的时间在本子上记下你今天都做了什么，是否有做得不对的地方而自己又未意识到，为什么做错了，怎样改正，怎样保证以后不犯类似的错误。当然，对你做的正确的地方也要进行自我表扬，并注意今后继续保持这一优点。

其实，这种方法与记日记的方式是一样的，略有不同的是，本方法着重写下你在犯错误后的内心体验，以及挖掘出自己优点后的喜悦心情，使你的自我意识有更迅速有效的发展。如果你长期坚持下去，相信你一定会成为一个在家里受到父母的喜爱，在学校里受到同学们的尊敬和老师表扬的好学生。而且，一旦你坚持下来，肯定会有你意想不到的收获的。

还等什么，赶快行动吧！

训 练 指 导

教育目的

1. 让学生懂得作为一个社会的人，其行为应随社会角色的变换而不同。

2. 提高学生的社会认知能力，加深对社会和自我的认识。

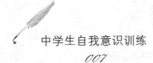

主题分析

儿童随岁月的流逝，由小学到中学，长了知识，长了身体。同时，作为中学生还应看到所承担的社会角色也越来越多，自然，在得到更多的权利和自由的同时，社会也赋予其更多的责任和义务。无论在学校还是在家里，都有一系列的规范以约束其行为，中学生应明白自己的言行一定要符合自己的社会角色，对其行为时刻反省，做一个合格的公民。

训练方法

认知理解法；角色扮演法。

训练建议

1. 让学生就学校的或班级的规章制度展开讨论，认识其重要性、必要性。

2. 让学生扮演不同的社会角色，增强内心感受，提高认识。

3. 让学生进行"一日三省"，通过不断对自己的言行进行反思，促使其自我意识走向成熟。

我的梦想

训 练 内 容

情感共鸣

我国唐代著名的大诗人李白，一生写下了无数脍炙人口的诗句，是历代大诗人中最突出的人物之一，后人称其为"诗仙"。

可是大家也许不知道，李白在小的时候却是个不思进取，整天想着玩耍的孩子。有一天，李白又瞒着父母，偷偷地逃离学堂，和几个小伙伴到附近的山坡上去玩耍。正当他们玩得兴起的时候，李白突然看见远处的小河旁蹲着一位白发苍苍的老奶奶在石头上不停地磨着什么。李白离开小伙伴，跑过去一看，原来老奶奶正在磨着一小根铁杵，于是便问，"老奶奶，您磨它干什么？"老奶奶抬头看了他一眼，和蔼地说："我想把他磨成一根针。""那要等到什么时候才成功呀？"李白不解地问，老

中学生自我意识训练

奶奶站起身来，拍了拍李白的头，意味深长地说："我也不知要等到什么时候，但是终有一天它会变成一根针的。"李白被老奶奶的话打动了，他慢慢地转过身去，默默地向家中走去。从老奶奶的话中，他悟到了人生的真谛：一个人要有崇高而远大的理想，还要有坚强的意志，而理想是走向成功的基石。从此以后，李白树立了远大的理想，并发奋读书，终于成为流芳千古的大诗人。

认知理解

"当你想到要做某事的时候，你就成功了一半"。这就是理想，就是人生的目标。

理想是对美好未来的想象，是一个人依据客观规律而确定的，并为之奋斗的目标。

理想与现实不同，它是指向未来的。现实是指已经存在的事物，而理想则是指在将来能够变成现实的。但理想又不能脱离现实事物，理想是概括了现实中一切真、善、美的东西而产生的想象。所以他能够变成现实。恰恰是理想具有指向未来的特点，它才能成为指导人们进行自我教育、自我改造的准则，才能成为鼓舞人们去行动的精神力量，所以有人把理想比作人生的灯塔和罗盘，有人把理想比作生命的舵与帆。俄国大文学家列夫·托尔斯泰把理想形容得更恰当贴切，他说："理想是指路明灯。"理想不同于空想，它是依据客观规律和社会需要而确立的，它具有顺应客观事物发展，满足社会需要的特性，所以理想有实现的可能性。空想则不然，空想中虽有客观事物的某些成分，但主要是凭借个人的主观好恶而确定的，是一种不切实际的想象，因而在现实生活中无法实现。

作为人生的奋斗目标的理想，是要求人们去不断实践它的。不去实践，它也就失去了存在的意义。如果一个人想成为一名医生，可他既不去学习医学专业基础知识，又不去提高与医学有关的能力，那么当医生的想法对他又有什么帮助呢？你认为他会成为一名医生吗？显而易见，事业的成功，总是理想和奋斗相结合的产物，离开了奋斗，理想也就一文不值了。

操作训练

1．尽量多找一些有关伟人儿时的书籍、文章，了解他们小时候的生活和学习。

2．摘抄一些历史伟人的理想之声，如周恩来儿时的著名的一句话："为中华崛起而读书"。

3．利用二十几分钟时间写一篇有关自己理想的短文，题目就叫《我的理想》，然后全班同学采取分组的方式讨论各自的理想，以及这些理想如何实现。

4．把自己的理想牢牢地记在心中，并努力学习，坚持不懈地朝着这个目标迈进。

我们也可以以游戏的方式来进行理想的操作训练。例如，同学们坐在一起，教师发给每位同学两张白纸，请他们分别写上自己"现实的我"和"理想的我"的看法和打算。然后，每名同学依次站起来说出自己的"现实我"和"理想我"，其他同学则针对该同学的"现实我"的看法是否符合他本人实际，"理想我"是否有现实的可能，"现实我"和"理想我"的差距是否适当，该同学需要通过哪些努力与提高才能有助于自己理想的实现等发表意见和建议。

教育目的

1. 让学生树立远大的理想、增强学习动机和生活热情。

2. 教育学生懂得把远大理想和近期目标相统一，理想与实际行动相结合。

主题分析

理想，简言之就是奋斗目标，人应是有追求的，只有为理想的实现努力拼搏的人，才有多彩而无悔的人生。对于中学生而言，正处在人生观、价值观趋于稳定的时期，这时期也正是理想教育的关键期，理想不同，其动机强弱必然有别，自然会导致日常行动的不同，结合中学生的心理特点——激情有余而稳定不足，故对其进行理想教育，将有利于日后的成长与成才。

训练方法

认知提高；榜样引导。

训练建议

1. 教师以伟人中学时的崇高理想为引导，启发学生自我反思。

2. 组织学生讨论理想的含义及对学习、生活的作用。

3. 就"怎样实现理想"这一问题展开讨论，让学生树立为实现理想而努力奋斗的信心和决心。

4. 教师总结，给学生以激励，师生共同展望美好的未来。

我一定行

训练内容

情感共鸣

我想大家都听过龟兔赛跑的故事：有一年的春天，在离海边不远的森林里正举办一场动物运动会。上届运动会五百米跑的冠军是一只白色的兔子，这一届五百米跑的比赛大家都觉得跑不过兔子，所以都弃权了，正当兔子洋洋得意的时候，一只乌龟慢慢地爬了过来。它要和兔子比一比。比赛开始了，当兔子跑了二百多米的时候，乌龟刚跑了还不到二十米，结果兔子轻敌了，它在一棵大树下美美地睡了一觉，可是当它醒来后，乌龟距终点只有几米了，兔子后悔不已，最终乌龟取得了比赛的第一名。

读了这个小故事，我们不得不钦佩乌龟的自信心。它本来没有机会夺得第一，是兔子对它的轻视才使它成功，但是如果乌龟没有对成功的自信。它是绝不敢与奔跑迅速的兔子比试的。

认知理解

一个人如果没有强烈的自信心，就没有内在的动力和坚忍的毅力，就不能战胜困难攀上理想的高峰。在一次记者招待会上，几名记者问爱迪生取得成功的主要秘诀在哪里，爱迪生回答说："我在任何时候，在任何情况下，都不允许自己灰心丧气"。无数事实证明，具有坚定的自信心，是古今中外众多成功者的共同特征。

自信心之所以成为学业和事业成功的重要因素，从心理学角度来讲，它是一种性格的意志特征，可以使人产生积极的自我暗示，从而激发人的自尊、自爱、自强之心，使奋斗者对自己的认识更加清楚，并获得成功。反之，缺乏自信心则会产生一种消极的自我暗示，能够导致自卑、自贱、自暴自弃等一系列自我挫败行为。

坚定的自信心是不可缺少的精神支柱，我们应成为既有坚定自信心而又不断努力奋斗的人。

操作训练

缺乏自信的同学往往容易产生无价值感，而无价值感是由内心的自责产生的。一些丧气话诸如"我真笨""我是一个废物""我是弱者"等等。产生并滋长了一个人的失望感和自卑感。为了克服这些不良的心理习惯，必须采用三个步骤。

1. 训练自己认识到并记录下内心的自责思想。

2. 弄清这些思想失真的根源。

3. 练习对它们进行反击，并发展出一个更加现实的自我评价系统。

完成这项工作的有效方法是"三栏目技术"。把一张空白纸一分为三，左边为"随想（自责）"栏，中间为"认知失真"栏，

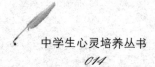

右边为"合理反应（自为）"栏，左边一栏写下你在感到失望和自暴自弃时作出的所有有害的自我批评。

例如，假定你一次考试没考好，你感到既沮丧又慌张，此时此刻你问问自己："我这时会有些什么想法呢？我会自言自语说什么呢？为什么这件事让我紧张不安呢?"

1. 在左边栏里写下随想（自责）：

（1）我什么事也做不好。

（2）我总是考不好。

（3）每个人都会看不起我。

2. 找出认知失真

（1）以偏概全。

（2）瞎猜疑，不一定是这样。

3. 写出合理反应（自卫）

（1）不对，我有许多事情干得出色。

（2）我并不总是考不好！那个想法是荒谬的。

（3）也许有人会因此而看不起我，但谁都会有考不好的时候，陈景润小时候不也考过数学没及格吗？只要我努力，下次会考好的。

如果你对某个特殊的消极思想不能作出合理的反应，那么即使你暂时把它忘记了，过几天它还会死灰复燃，重新笼罩你的心灵。所以，你要善于盯住目标，穷追不舍。

训练指导

教育目的

对学生进行自信心的训练，使学生做到自信而不自负也不自卑。

主题分析

"自信是成功的一半"，自信心从心理学角度进行分析，它是性格的意志特征的具体表现，它可以使你产生积极的自我暗示，从而激发人的自尊、自爱、自强之心，使奋斗者对自己的认识更加清楚，能够克服前进道路上的艰难险阻，最终取得成功。一个人如果没有足够的自信，就不会有强烈的动机和坚忍的毅力，成功将失去保障。中学生由于缺乏丰富的经验，心理尚未成熟，不够稳定。成功时，觉得自己真的很伟大；失败时，又顿感自己渺小无能，基于此，对其进行自信心的训练就非常必要了。

训练方法

故事引导法；行动训练法。

训练建议

1. 教师和学生一起对某一关于自信心的故事展开讨论，从而提高同学们对自信心重要性的认识。

2. 教师对学生实施"三栏目技术"来改变其不良认知。

3. 让学生结合自己的实际生活，开展"成功体验"活动以增强其自信心。

爱你自己

情感共鸣

也许你想成为太阳，可你却只是一颗星星。

也许你想成为大树，可你却只是一株小草。

也许你想成为大河，可你却只是一泓山溪。

于是，你很自卑。

很自卑的你总以为命运在捉弄自己。其实，你不必这样：欣赏别人的时候，一切都好；审视自己的时候，却总是很糟。和别人一样，你也是一片风景，也有阳光，也有空气，也有寒来暑往，甚至有别人未曾见过的一棵春草，甚至有别人未曾听过的一阵虫鸣……

做不了太阳，就做星辰，在自己的星座发热发光；

做不了大树，就做小草，以自己的绿色装点希望。

做不了伟大，就做实在的自我，平凡并不可卑，关键的是必须做最好的自己。

不必总是欣赏别人，也欣赏一下自己吧，你会发现天空一样高远，大地一样广大，自己与别人有一样的活法。

走向超越的只有靠你自己。

认知理解

1. 要正确评价自己，既看到自己的长处，同时又正视短处，俗话说得好：金无足赤，人无完人。这就是说任何一个人，都不是十全十美的，都有优点和缺点。同学们应该实事求是地认识自己，发挥自己的长处，弥补自己的短处，接受别人的帮助，相信别人能做到的经过努力自己也能做到。

2. 每个人都有自己的长处和短处，人要悦纳自己就是能客观地对待自己。另外，自信是非常重要的，一个有自信心的人，一定会克服困难勇往直前的，也一定会实现自己的人生目标。

操作训练

请完成下列自我满意程度的调查，将你对每一题的态度标出来。

1. 当我想到自己容貌时，我感到：_____

2. 当我从镜子里看到自己身材时，我感到：_____

3. 当我看到自己的皮肤时，我感到：_____

4. 当我想到自己的性格时，我感到：_____

5. 当我想到自己的意志时，我感到：_____

6. 当我想到自己的情绪调节能力时，我感到：_____

7. 当有人问起我记忆力如何时，我感到：_____

8. 我对自己的理解能力感到：_____

9. 我对自己的社交能力感到：_____

10. 我对自己的谈吐感到：_____

11. 我发现自己不满意的项目有：_____

12. 不可改变的不满意项目有：_____

13. 不可改变的不满意项目及应对之策：_____

14. 不可改变的不满意项目：_____

（用文字写出）

15. 自己的应对之策：_____

16. 分组讨论后的小组意见：_____

训练指导

教育目的

提高学生的自我评价能力，增强自信心。

主题分析

初中生随着年龄的增长，进入了身心发育的快速期。期间，在享受美好青春的同时，他们往往也有许多烦恼困扰，有来自家庭的，有来自学校的，也有来自社会的。产生这些烦恼的主要原因是他们自我意识水平不够成熟，自我评价能力有待提高，他们看待自己时，出于完美心态，大多看重自己的缺点，进而产生自卑心理，影响身心健康发展。基于此，本主题通过一些活动。让学生全面、客观地认识自己，消除自卑、树立自信、悦纳自我。当然，悦纳自己应与自负、孤芳自赏相区别。

训练方法

问卷调查；讨论。

训练建议

1. 教师先通过自我满意程度简易问卷对学生进行调查，了解学生的自我接受程度。

2. 在问卷的基础上让学生自我分析，找出自己最不满意的方面。

3. 组织学生讨论，相互说说优点和不足。

4. 师生针对同学们普遍不满意的方面，通过讨论达成共识，找到解决方法。

5. 教师给以鼓励和期待。

美与丑

情感共鸣

——别人都说我长得漂亮，看到镜子中自己那俊美的模样，真让我陶醉。妈妈有时拿她的旧衣服改一改让我穿，那可不行！在班上我也得处处拔尖儿。谁让她们比不上我呢？

——国庆节又快到了，班里正在排练舞蹈，准备参加全校的联欢会，我也想参加，但老师很客气地告诉我"演员已经够了"。记得以前也曾经发生过这样的事，其实我十分清楚，不选我当演员，是因为他们嫌我长得不漂亮。

认知理解

1. 仪表美虽然令人欣慰，但如果仅仅因为别人夸自己长得漂亮，就洋洋自得，看不起别人就不应该了。每个人都有表现欲，都希望自己表现得比别人更出色。然而，一定要客观地评价自己，

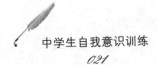

如果把自己评价过高，时间长了便会形成一种虚荣心。这种虚荣心往往会使人不能正确认识自己，不能正确对待别人，不能将精力集中在学习上。久而久之，这种虚荣的心理会严重影响和阻碍个人的进步。

2. 随着年龄的不断增长以及他人有意或无意的评价，同学们渐渐开始注意自己的外表形象。如果对自己的长期不满意或者过分关注，就有可能产生痛苦，甚至会感到自卑，这是不可取的。其实，人的相貌是不能选择的，也是确实存在差异的，大可不必为此而苦恼，重要的是人要有美丽的灵魂和崇高的追求，这是可以通过努力达到的。

操作训练

1. 请你读一读介绍世界名人的书籍，你就会发现，著名的科学家爱因斯坦，著名的音乐家贝多芬……他们的相貌都极为普通，但他们却都创造出令世人瞩目的成就。

2，读一读安徒生的童话《丑小鸭》，想一想你在哪些方面多加努力，就可以由"丑小鸭"变成"白天鹅"？

3. 学习过《落花生》这篇短文吧，文中对花生有这样的论述："花生的好处很多，有一样最可贵：它的果实埋在地里，不像桃子、石榴、苹果那样，把鲜红嫩绿的果实高高地挂在枝头上，使人一见就生爱慕之心。你们看它矮矮地长在地上，等到成熟了，也不能立刻分辨出它有没有果实，必须挖出来才知道。"

读完了这篇著名的散文，你明白了一个什么道理？

4. 背诵下面一句话和一首儿歌，并努力在实践生活中指导自己。

（1）"美是一种心灵的体操——它使我们的精神正直，良心纯洁，感情和信念端正。"

教育学家：苏霍姆林斯基

（2）丑小鸭，别苦恼，容貌美丑不重要。知识、才华和能力，试与他人比高低。

训练指导

教育目的

让学生正确看待自己的外貌，坦然地接受它。

主题分析

中学生开始越来越重视自己的外貌了，这也是客观规律。关心自己的长相，关心别人对自己外貌的评价。有意无意地拿自己与别人比，尤其喜欢与那些相貌、身材较好的同学比。在比较的过程中对自己产生了一些不满意，诸如嫌自己个子矮，嫌自己眼睛小等等。在这种心理的支配下，势必产生一些烦恼，影响生活与学习。因此，有必要让他们懂得人的外貌是不能选择的，其各项差异也是客观存在的。让学生既不要觉得自己长相好就洋洋自得，也不要觉得自己相貌不够理想就闷闷不乐。学会以一颗平常心看待自己，把主要精力投入学习中去。

训练方法

榜样引导；认知提高。

训练建议

1. 教师和学生一起讨论《丑小鸭》的故事，让学生谈谈从中受到哪些启发。

2. 让学生说一说那些其貌不扬而成就卓著的人，以他们为榜

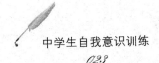

样激励自己。

3. 学生分组讨论：一个人怎样才是真正的美。

4. 教师总结：外表美取悦一时，心灵美经久不衰。

我是男（女）孩

情感共鸣

小小玩具

依然留着童年的温馨

男孩有枪

女孩有布娃娃

还有——妈妈的深情

从小到现在，长辈们除了精心为我们挑选合适的玩具之外，还常常：

☐给我买花衣裙

☐给我买牛仔装

☐给我扎小辫

☐给我剃个小平头

中学生自我意识训练

□夸奖我漂亮

□称赞我力气大、勇敢

□鼓励我学习舞蹈

□鼓励我在黑暗中走路

□批评我顽皮

□批评我爱哭

我明白了，长辈们希望我成为一个＿＿＿＿＿＿＿＿＿＿＿＿

认知理解

1. 我们是爸爸妈妈爱情的结晶，我们的性别是不可挑选的，让我们愉快地接纳自己的性别吧！

2. 人类社会就像地球，由男性、女性各组成一半，相互依存、相互协作，推动社会的前进，根本不存在男性和女性谁更重要，谁对社会的贡献更大。无论当一个男孩还是当一个女孩，都是值得高兴和自豪的事。

3. 送你一句话

时代不同了，男女都一样。我想，只要付出努力，男孩和女孩都会成为了不起的人！

操作训练

1. 讲故事

请准备一个动人的故事讲给大家听。

要求：

（1）故事里的主人公的性别应与故事员一致。

（2）通过某件动人的事，表现主人公高贵的品质或伟大贡献。

（3）故事主人公可以是伟人、名人，也可以是自己的亲人、邻居、教师等熟悉的人。

（4）时间2—3分钟。

2. 在你认为合适的□内打√，也可写上自己的想法。

我喜欢做个女孩，因为_____

(1) 没有女性便没有整个人类□

(2) 女孩温柔可爱，从而使世界变得绚丽多彩□

(3) 特别崇拜居里夫人等伟大女性□

(4) 女性用爱和关怀来创造世界□

(5) _____

(6) _____

(7) _____

我喜欢做个男孩，因为_____

(1) 男性比女性更强壮□

(2) 绝大多数英雄、伟人是男性□

(3) 男性比女性勇敢，更富冒险精神□

(4) 钦佩爸爸那样的男子汉□

(5) _____

(6) _____

(7) _____

3. 学生分组讨论：

(1) 男孩和女孩的玩具各有什么特点？

(2) 男孩和女孩的玩具为什么会有很大的不同？

4. 心灵交流

男生这样说：

我们喜欢这样的女孩：

我们讨厌这样的女孩：

女生这样说：

我们喜欢这样的男孩：

我们讨厌这样的男孩：

训练指导

教育目的

让学生喜欢自己的性别角色，实现社会角色期待。

主题分析

性别是自然赋予每个人的特定礼物，每个人自出生后就无条件地接受了它。不管你喜欢不喜欢，都注定无法改变。一个心理健康的人就会坦然地接纳它，并努力以社会的期待来塑造它，向大自然展现自己性别的特有魅力，而不会因为自己是一位男性或女性而苦恼。初中生比较关心自己的外在美，并对异性有了好感。羡慕异性的美，这一时期如果处理不当，调节不好自己的心态，则可能会产生同一性混乱，缺乏自我认同感。因此，有必要对其进行这方面的教育。

训练方法

故事启发；讨论；榜样引导。

训练建议

1. 教师让学生讲述与自己同性别的名人故事，为学生提供榜样激励。

2. 男女分组讨论：做一个男孩或女孩的幸福之处。

3. 组织一次小小演讲会，内容主题为：做个男孩或女孩真快乐。

我的能力水平

情感共鸣

日常生活中，我们常常会看到：有些人在各方面都表现得很出色，有些人则在某一方面表现突出。如：有的学生数学成绩很好，有的学生语文成绩好，有的学生画画得很好，有的学生歌唱得很好……这些都说明他们具有不同的能力。伟大领袖毛泽东文章写得很好，诗词更独具特色；指挥千军万马能做到运筹帷幄，用兵如神，书法自成一体；与人交往谈笑风生，幽默洒脱……一代伟人，多种才能，实乃天才！

认知理解

1. 一个人不可能样样能力都很出色，有时甚至还会有缺陷。但是，只要善于发挥自己的优势，并有意地发展自身所具备的能力来弥补不足，同样也能顺利地完成任务或表现出才能。比如：

盲人缺乏视觉，却能依靠异常发达的听觉、触摸觉、嗅觉等行走、辨认钱币、识记盲文、写作或弹奏乐曲。

2．不论从世界的发展趋势，还是从现实的要求来看，培养能力都具有重要意义。相传古代有一个人，巧遇一位仙翁，仙翁点石成金送给他，但他不要金子，而要仙翁能点石成金的手指。这个人为什么要仙翁的手指呢？因为他懂得，不管送自己多少金子，金子总是有限的，但如果有了仙翁点石成金的手指，那金子就是无限的了。这更进一步说明能力对一个人的生存和发展具有重要意义。

操作训练

1．分组讨论

（1）自己在哪些方面具有优势和不足？

（2）如何通过自己的努力来取长补短？

2．能力的自我测试

你的自学能力如何。在人的一生中，大部分知识主要靠自学得来。在这里，如果你想知道自己的自学能力，不妨回答以下20个问题。

（1）每天你能在业余时间里自学3个小时吗？

A．能　　　　B．有时能　　　　C．不能

（2）每天你有浏览报刊的习惯吗？

A．有　　　　B．有时有　　　　C．没有

（3）你能每天坚持阅读6000字吗？

A．能　　　　B．有时能　　　　C．不能

（4）每天你在看书读报时有认真琢磨的习惯吗？

A．有　　　　B．有时有　　　　C．没有

（5）当你百思不解时，有向别人请教的习惯吗？

A．有　　　　　B．有时有　　　　C．没有

（6）在你睡觉之前，有检查一天自学情况的习惯吗？

A．有　　　　　B．有时有　　　　C．没有

（7）如果你一天中没有学习，有一种遗憾的感觉吗？

A．有　　　　　B．有时有　　　　C．没有

（8）你有记读书笔记或学习卡片的习惯吗？

A．有　　　　　B．有时有　　　　C．没有

（9）你有剪贴报刊资料的习惯吗？

A．有　　　　　B．有时有　　　　C．没有

（10）你订有一年或几年的自学计划吗？

A．有　　　　　B．不明确　　　　C．没有

（11）你如果工作的话，能拿出月工资的一部分购买图书、订阅报纸吗？

A．能　　　　　B．不经常　　　　C．不能

（12）你有与同学交谈自学体会的习惯吗？

A．有　　　　　B．有时有　　　　C．没有

（13）你有博览百科知识的嗜好吗？

A．有　　　　　B．一般　　　　　C．没有

（14）你有给报刊投稿的习惯吗？

A．有　　　　　B．投过　　　　　C．没有

（15）你学习时有专业倾向吗？

A．有　　　　　B．不明确　　　　C．没有

（16）你参加业余学校的学习吗？

A．正参加　　　B．也想参加　　　C．没有参加

（17）你能在三、四年内使自己的学识水平由初中提高到高中，或由高中提高到大专吗？

A．能　　　　　B．差不多能　　　　C．不能

（18）你有自测或互测学习成绩的习惯吗？

A．有　　　　　B．有时有　　　　　C．没有

（19）你参加过有关单位组织的自学考试吗？

A．参加过　　　B．计划参加　　　　C．不参加

（20）你有看书的行动和计划吗？

A．有行动　　　B．有计划　　　　　C．没有

评分：每道题均为A：5分；B：3分；C：0分。

分析：成绩在80分以上，为自学能力强；70分以上，自学能力良好；60分以上，为有自学能力；60分以下，为自学能力差。

训 练 指 导

教育目的

1. 通过能力小测验使学生对自己的能力水平有一个初步的了解。

2. 使学生懂得培养能力具有重要的现实意义以及明确怎样培养自身的能力。

主题分析

能力是直接影响活动效率，保证活动顺利完成的个性心理特征。人的能力可以分为一般能力和特殊能力两种：前者是指为大多数活动所需要并对大多数活动的效率都有一定的制约性的能力，包括观察力、记忆力、注意力、想象力等，也就是我们常说的智力；特殊能力指为某种专门活动所必需、对该活动的效率有很大

制约性的能力，如音乐能力、绘画能力、表演能力等。对于中学生来说，智力的高低是影响其学习好坏的一个重要条件，同时，通过知识和技能的学习，又能改善和提高自己的智力。

训练方法

讲述与讨论；能力测验。

训练建议

1．教师向学生讲述日常生活中的普遍现象，以使学生对能力这一概念有一个初步的了解。

2．让学生进行小组讨论，从而明确自己具有哪些优势和不足。

3．让学生做能力测验的题目，以便了解学生的能力水平。

我的脾气

训 练 内 容

情感共鸣

"人有悲欢离合，月有阴晴圆缺。"人生在世，有生、老、病、死，有荣、辱、得、失。所以，就有与之相应的喜、怒、哀、乐。一池春水似的"世外桃源"是没有的。人们有苦和乐，悲与喜，爱与恨，生活才有波澜，才丰富多彩。例如：小明的期末考试得了100分，就连蹦带跳地跑回家，向爸爸妈妈报告这个好消息；小华第二天要去春游了，她十分兴奋，躺在床上怎么也睡不着；小鲁唱歌时受到别人的嘲笑，他面红耳赤地和别人争吵起来……如果人们对什么都无动于衷，麻木不仁，那么，生活就将是死水一潭，生气索然。

认知理解

1. 情绪体验的半外露、半隐蔽性是青少年时期的特点。儿童

期具有明显的外露特征，喜形于色，"童言无忌"。到了青少年时期，表达情绪的方法越来越多，自我控制和调节能力也有所提高，情绪外露性减少，隐蔽性增加。但同时，他们调节、控制能力有限，仍旧显露出一时的激动的情绪。

2．青少年时期是人生道路上一个重要的年龄转折期，是身心发展由幼稚到成熟的过渡时期。学会调节和控制情绪，对青少年成长是很重要的。调节和控制情绪的目标，最基本要做到：喜怒有常，喜怒有度。喜怒有常，就是说要使自己的情绪与周围的环境相协调，要该喜则喜，该怒则怒。喜怒有度是说情绪的表露要有一个范围，否则就会"过喜伤心""盛怒伤肝"。

操作训练

1．以下各种情境，会产生何种情绪及产生该情绪的原因何在：

（1）因为上课不专心，被老师批评了。

（2）爸爸把自己正看得着迷的电视节目关了。

（3）被同学错怪了。

（4）上体育课时，被同学绊了一下，摔倒了。

2．你的脾气如何测验？

下面有7种不同的情绪，每一种情境内有5种不同的反应与处置的态度。请你仔细看每一情境下的5种题号A、B、C……并在最适合的题号下做记号。

（1）假如你同家人约定坐火车动身到外地去，约定时间已到了，其中有一人还未准备好行李，你会怎样应付？

A．我会怪他不顾大家的约定，并且对他说："你真扫了我们去旅行的兴趣。"

B．我默不作声，只是帮他整理行李。

C．我一概听其自然，只望能赶上火车。

D．我会讽刺他说："迟一点，总比失约好。"

E．我要说："你老是这样，我们要先走了，随后你自己来吧。"

（2）假如你到一家商店买东西，店内的售货员不理睬你而招待后来的顾客，你将怎样？

A．我要插进去向他说："我是先来的，请你先招待我。"

B．我静静地站在一边，等售货员自己来招呼我。

C．我觉得焦虑不堪，一定要去找另一个售货员。

D．我要将经过情形报告商店经理。

E．我要设法让售货员知道：我在等待他们招呼我。

（3）假如一天晚上，你家有贵宾光临，而你的小弟弟却不管你再三催促，仍然慢吞吞地不愿去睡觉，你打算怎样？

A．我要用强行手段（如打骂）使他去睡觉。

B．我会责怪他，并拿掉他的糖果，或他喜欢的东西作为惩罚。

C．我会详细向他解释，为什么要赶快去睡觉。

D．我尽量用和善的方法催促他去睡觉。

E．我虽然内心焦急，却不露声色。

（4）假如你在公路上开汽车，有一辆汽车忽进忽出抢在你的前面，几乎撞到了你的车子，你打算怎样？

A．我等他驶得很远再开过去。

B．我要大声吼他："你急什么？"虽然我明知他未必听见我的话。

C．我要把我被扰乱的情绪镇静下来。

D．我要一路按着喇叭跟随着他的车走。

E．我要对车内的同伴说，这种无赖真使我发火。

（5）假如你在一家高级饭店宴客，却发现菜真是坏透了，招待也不周到，那么你会怎样？

A．我以风趣的态度对我的客人说，今晚这家饭店大概要休息，不想做生意了。

B．我要向友人道歉。

C．我会很不客气地警告他们小心服侍。

D．为表示我的不满意，我不给一点小费，或给得很少。

E．我要找经理论理，要求他给予满意的答复。

（6）假如你的邻居在深夜仍大开收音机，影响你的睡眠，你会怎样？

A．我会觉得很愤怒，但不准备有任何举动。

B．我打电话给邻居，请他顾及别人，将音量调低。

C．我很安静地忍受下去，并希望能听到我喜欢的音乐。

D．我要上去对邻居吼道，关掉你的收音机。

E．我要设法睡觉，要不就看看书。

（7）假如你的朋友了解你对某事情的意见，但有一天他来你家聊天，却反对你的意见，你会怎样？

A．我尽量避免与他辩论，让他去发表他的意见。

B．我感到不服气，一定要和他辩个水落石出。

C．我原谅他是我的好友，不与他计较，因此只是敷衍他。

D．我要向他说，他的意见也是不合理的，也是行不通的。

E．我虽然觉得无趣，但决不把我的感觉表示出来。

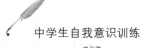

请对照下面的表，算算你在每一题上的得分，然后把7题的总分加起来，便能看出你的脾气急躁或温和的程度。

	(1)	(2)	(3)	(4)	(5)	(6)	(7)
A.	3	2	3	1	5	5	2
B.	5	4	5	2	1	4	3
C.	2	5	2	5	3	1	5
D.	4	3	1	4	2	3	1
E.	1	1	4	3	4	2	4

若总分在18分以下，属于急躁者；若在19分至28分之间的，则为较正常的脾气；若在29分以上，是属于脾气温驯者。

训练指导

教育目的

1. 使学生了解情绪的各种表现以及其对人身心健康的影响。

2. 通过小测验使学生了解自己情绪特点。

3. 学习对情绪进行自我调节。

主题分析

情绪是人对于客观事物与自己的需要是否相适应而产生的态度体验。根据情绪对人的影响，可分为正性情绪（如愉快、欢乐、满意、幸福等）和负性情绪（如愤怒、恐惧、痛苦、憎恨等）两类。一般而言，正性情绪有利于身心健康，而负性情绪则不利于身心健康。中学生由于心理发展还不成熟，在情绪特征上表现出好冲动、不稳定、极端化等特点，对自己的不良情绪表现缺乏深刻的认识，也不善于调节自己的情绪。

训练方法

认知理解法；心理小测验。

训练建议

1．教师举出生活中的具体事例，让学生了解人的各种情绪表现。

2．向学生介绍中学生除增加正性的情绪外，还要注意情绪反应的适度。

3．对学生进行《你的脾气如何》小测验，使学生对自己的情绪控制能力有一个初步的了解。

我的志向

情感共鸣

　　1985年，湖北省宜都县一中高中毕业生王同学以567分的优异成绩夺得全省文科第一名，被北京大学法律系优先录取。他的班主任肖老师说："是理想给他插上了起飞的翅膀，他的成功，首先取决于他的鸿鹄之志。"肖老师曾向记者介绍说：王同学除了学习书本知识外，对社会上的事情观察得比较细，思考得比较多。正是在向社会学习中，他渐渐迷上了法律。他认为我国当时法制还不健全，国家正缺这方面的人才，为了适应祖国的需要，在填报高考志愿时，他填的五所学校都是法律系。在这个志向的引导下，他学习兴趣更浓了，学习更勤奋了，终于取得理想的结果。

认知理解

理想是与个人的奋斗目标相联系的，有实现可能性的想象，它与空想或梦想不同，后者是一厢情愿的，无实现可能的幻想。理想的确立与实现又与个人的人生观紧密相连，只有那些具有积极进取、不畏艰难、乐观豁达的人生观的人，才能树立远大的理想并为此奋斗终身。中学生都有自己的理想，对自己的未来有各种各样的想法。但自己的理想是否有实现的可能，该通过怎样的努力和途径去争取，却较少去思考。

操作训练

1．分组对话

（1）你们长大后想做什么？

（2）你们有没有想过，你们的这些想法有没有实现的可能？怎样才能实现？

2．角色扮演并讨论：面对这些情况，该怎样以积极的态度和方式去应付。

（1）看到一些家里有钱的同学，平时学习成绩不好，考试也没有上重点线，但却能够上好的学校，而自己只差一分就上线，却无缘读好的学校。

（2）自己很想考高中读大学，但却发现大学生找不到工作，不知自己该怎么办？

（3）老师总不重视自己，很少表扬自己，感到自己在班上的地位是可有可无。

（4）升学考试落榜，情绪低落，害怕见到老师和同学，自己走到大海边。

3．"把握航向"游戏活动：

同学们在草地上围成一圈坐着，中央放一个纸船模型。同学们进行"击鼓传花"，并请拿到花的同学上前，走到纸船模型里，一边作划船的动作，一边说出自己的理想："划呀划，我要划向……"其他人则对中央同学的航向进行补充，或建议他对自己的理想进行调节，以使他的航向更加符合正确和有实现的可能性。如此轮流，使每个同学有机会了解自己的理想，并得到其他同学的宝贵意见。

4."找差距"活动。

同学们围成一圈坐着，教师发给每位同学两张白纸，请他们分别写下自己"现实的我"和"理想的我"的看法和打算。然后，请一个同学上前走到中央，说出自己的"现实我"与"理想我"，其他同学则针对该同学的"现实我"看法是否符合他本人的实际，该同学的"理想我"是否有实现的可能。"现实我"与"理想我"之间的差距是否适当，该同学需要通过哪些努力与提高才能有助于自己的理想的实现等发表意见和建议。

训 练 指 导

教育目的

1. 了解自己的理想及其与空想和幻想的差别。

2. 培养积极的人生态度与适当的自我理想。

主题分析

"我的志向"是一个比较笼统的题目，老师在进行训练时，注意将内容具体化。在形式上，可通过角色扮演和讨论等形式进行。在内容上，则可加强如何确立和实现自我理想的内容，尤其还要让学生协调好"现实我"与"理想我"的关系，使两者既有差距，以激发学生的进取动力，也要注意两者的差距不能太大，否则会使学生压力太大，遭受挫折与打击，而影响学生的心理健康。

训练方法

角色扮演法；游戏活动法。

训练建议

1．教师给学生讲述具体事例，让他们懂得文中主人公之所以取得伟大成绩在于他有远大的理想，从而使学生明白树立理想的重要意义。

2．教师列举出生活中的具体情境，让学生思考应以何种方式去面对与处理，从而培养他们积极的人生态度。

3．学生进行"把握航向"和"找差距"游戏活动，以使他们更加明确自己的理想，同时，也能从其他同学那得到宝贵的意见。

认清自己

训练内容

情感共鸣

古语说：人贵有自知之明。两千年前的苏格拉底也在石碑上铭刻着他对世人的号召：认识自我。可见，认识自我，增强自我意识是件很不容易却很重要的事。可以说，在一定程度上说，自我意识决定人的成败得失。

已成为一名高中生的你，是否真正了解自己呢？你究竟是怎样一个人呢？你的形体外貌、性格气质、情感智能都是怎样的呢？面对这样的问题，相信你会感到并不轻松，甚至有些许困惑。本章心理训练会帮助你增强对自己本身的认识，以一名高中生的水平有意识地生活，有目标地生活，争取成功。

曾经有这样一则笑话：甲从乙的门口路过，听见乙和丙在屋里谈论自己，说甲这个人其他方面都挺好的，就是脾气太暴

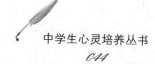

躁了。听到这里，甲一脚把门踹开大喝："我脾气怎么暴躁了!?"

会心一笑之余，我们可以看出，甲是个不了解自己的人，而人们难于了解自己的原因是我们内心有保护自己的倾向，总为自己的所作所为找出理由，要让不合理的合理化。

《伊索寓言》中有个讽刺驴的故事。一头驴子爬到屋顶上跳舞，结果踏碎了瓦，主人因此追上去立刻把它赶下来，并用大棒痛打它。驴很委屈："为什么要打我呢？我昨天看见猴子也是这样玩着，你们都非常快乐，而且直夸它呢。"其原寓意是不知道自己所处地位的人是很可悲的，此处的寓意是不了解自己而盲目尝试的人是会劳而无功的。很多人的自卑自怜，遇事胆怯退缩也是因为没有认识真正的自我。事不宜迟，诚实地、勇敢地直面自己问一句：我是谁？

认知理解

作为一名走向独立、平等和自主的个体，我们必须有清醒的自我意识。

人的自我意识分为自我认识、自我体验和自我控制三部分。高中生的自我意识具有复杂、矛盾、丰富而易于波动的特点，其自我认识和体验都敏感而多样，自我控制日益增强但仍然薄弱。

正因为高中生的自我意识易于波动，自身和外界的变化都可以使不正确或不全面的自我意识得到改变。有了良好的自我意识，才会有积极的自我评价，这种自我评价会存在于内心中直接影响你的行为；才会有自我发展的动力，古今中外的成功人士无一不有积极的心态和自我形象；也才会自觉增强自控能力，提高自我的实际发展水平。总之，有了良好的自我意识，才会有自我发展的方向。

你要坚信：人人有所长有所短，我的优点要挖掘出来，以增自信，我的缺点也要披露出来，以增自明。

操作训练

1. 下面是一张"自我形象评估表"，表中列出典型的描述自我形象的形容词，每个人针对自己的情况进行自我评价，评定为是、否两类。其包含的形容词有：（参考）

野心勃勃	好辩的	独断的
吸引人的	好战的	粗鲁的
谨慎的	迷人的	聪明的
肯竞争的	肯合作的	有创造力的
好奇的	愤世嫉俗的	大胆的
果断的	坚毅的	迂回的
小心的	卖力的	有效率的
精力充沛的	有趣的	好嫉妒的
宽大的	受挫的	慷慨的
诚实的	引人注目的	冲动的
懒惰的	乐观的	能言善道的
有耐性的	实际的	有原则的
轻松的	机智的	自我中心的
有自信的	敏感的	精明能干的
顽固的	猜忌的	胆小的
强硬的	可信的	温和的
顺从的	执拗的	外形不佳的

谈吐文雅的　　　　人缘好的　　　　幽默的

2．个人作完自评后，总结出自己的特点，及最大的优点和缺点。

3．随机把自评由老师发给班中另一名同学，让他（她）匿名复评。

4．再度收回自评表，组成小组进行讨论，有不同意见时只作事例证明，不作优劣评断。

5．老师适时参与每个小组的总结评议，最后进行全班总结，鼓励大家不断地剖析自我，拥有自我意识的勇气、能力和方法，尤其要善于听取同学、家长和老师的意见和建议。只有在实践中经多方证实正确的自我意识才是真实的参照。

训 练 指 导

教育目的

让学生加深对自我的认识，能够较全面、较客观地认识自己。

主题分析

"人贵有自知之明"。一个人只有对自己有客观地认识与评价，才会在实际生活中把握自己，合理确定奋斗目标；也才能较好地适应生活，增进良好的人际关系。高中生的自我意识具有复杂、矛盾、丰富而易波动的特点，其自我认识和体验都敏感而多样，自我控制日益增强自我意识的训练，让他们借助于一些活动，以提高自我评价能力为核心，全面提高自我意识水平，做到自我评价相对客观，既不过高也不过低。

训练方法

讨论法；训练法。

训练建议

1. 教师发给学生每人一张"自我形象评估表",让学生进行自我评价。

2. 结合评究结果,让学生对自己进行个人小结。(内容包括:优点、缺点、自己最大的特点。)

3. 组织学生讨论:如何才能客观全面地认识自我。

自我心理健康评估

情感共鸣

英语中有句发人深省的谚语："满足使穷人变成富翁，不满足使富翁变成穷人。"同一件事物，不同的心理就会有不同的结果。举个例子，一名同学什么都挺好，就是有点懒惰，你如果专盯着他的缺点看，其他的优点视而不见，你就会对此同学产生偏见，很难友好相处，但是你如果懂得人人都有缺点，他这点小缺憾可以容忍，他其他的优点可贵而值得你学习或借鉴，那么你可能与他顺利交往甚至成为朋友，这前后两种态度相比，哪种心理健康呢？哪种心理更可取呢？正所谓"横看成岭侧成峰"！

古时有杯弓蛇影，忧虑成疾，现代有焦虑性高血压、胃溃疡、失眠症，所以说健康心理不可缺少！事实上，古今中外，任何一个心理不健康的人即使身体再健康都不能算作"健康的人"，心理

的健康水平至关重要，不仅影响你的身体健康，而且还会影响你生活、学习的方方面面，时时刻刻。

认知理解

有资料显示，目前我国中学生心理问题日益严重，心理素质普遍下降。由于生活节奏的加快，压力和竞争的加剧，各种心理和行为问题明显上升，

90年代的调查数据中，30%左右的中学生存在不同程度的心理问题，有严重心理障碍的，初中生占13.76%，高中生占18.79%，具体表现为情绪不稳，自我失控，心理承受力低，意志薄弱，缺乏自信，学习困难，考试焦虑，人际交往不适，性格不良等。古语说：少年不识愁滋味。可现今社会的纷繁复杂，进一步升学带来的紧张、压力、竞争、父母师长的过高期望都会影响、冲击我们的心理健康，都可能导致心理困扰，甚至心理障碍。

月有阴晴圆缺，人有悲欢离合。每个人在成长的道路上都会偶有心理不健康的时候，只要心理健康水平值不低于一定界限，我们都是健康的。一旦低于某个水平值，则应找出原因，积极寻求帮助。总之，真实地去了解自己的心理健康水平，是进一步提高心理健康水平的前提。

操作训练

1.全班集体讨论自己身边的或听说的由于心理不健康而造成悲剧或事故的例子。

2.小组讨论心理健康的标准，并可以辅以事例说明，通过辩论等形式加以确定，然后由老师对各小组讨论结果做出总结。

（参考标准：1.了解自我，悦纳自我；2.接受他人，善与人处；3.热爱生活，乐于工作；4.胸怀宽广，不为小事烦恼；5.充满自

信，心境良好；6.心理行为符合年龄特征；7.欲望适度，正视现实，接受现实等）

3.每人发一张自评量表，针对自己的真实情况作客观的回答。问卷共70道，需时约20分钟，评分标准附在表后，评分工作由教师统一做，课后可反馈给每个学生，并可作为心理档案的参考数据。注意时间紧张，每道题约有15秒的时间，要尽快回答，不要考虑太多，以第一印象为准。凡是符合自己的内容，请在括号中画"○"，不符合的打"×"，毫无关系的划"／"不清楚的画"△"。

量表如下：

（1）如果周围有喧闹，不能马上睡着（　　　　）

（2）常常怨气陡生。（　　　　）

（3）梦中所见与平时所想的不谋而合。（　　　　）

（4）习惯于与陌生人谈笑自如。（　　　　）

（5）经常地精神萎靡。（　　　　）

（6）常常希望好好改变一下生活环境。（　　　　）

（7）不破除以前的规矩。（　　　　）

（8）稍稍等人一会儿就急得不得了。（　　　　）

（9）常常感到头有紧箍感。（　　　　）

（10）看书时对周围很小的声音也会注意到。（　　　　）

（11）不大会有哀伤的心情。（　　　　）

（12）常常思考将来的事情并感到不安。（　　　　）

（13）一整天孤独一人时常常心烦意乱。（　　　　）

（14）自以为从不对人说谎。（　　　　）

（15）常常有一着急便完全失败的事情。（　　　　）

（16）经常担心别人对自己有看法。（　　　　）

（17）经常以为自己的行动受别人支配。（　　）

（18）做以自己为主的事情，常常非常活跃，全无倦意。（　　）

（19）常常担心发生地震和火灾等自然灾害。（　　）

（20）希望过与众不同的生活。（　　）

（21）自以为从不怨恨他人。（　　）

（22）失败后，会长时间地保持颓丧的心情。（　　）

（23）过度兴奋时常常会突然意识昏迷。（　　）

（24）即使近期发生了什么事故，也往往毫不在乎。（　　）

（25）常常为一点小事而十分激动。（　　）

（26）很多时候天气虽好却心情不佳。（　　）

（27）工作时，常常想起什么便突然外出。（　　）

（28）不希望别人经常提起自己。（　　）

（29）常常对别人的微词耿耿于怀。（　　）

（30）常常因为心情不好感到身体的某个部位疼痛。（　　）

（31）常常会突然忘却以前的打算。（　　）

（32）尽管睡眠不足或连续工作都毫不在乎。（　　）

（33）生活没有活力，意志消沉。（　　）

（34）工作认真，有时却有荒谬的想法。（　　）

（35）自认为从没有浪费时间。（　　）

（36）与人约定事情常常犹豫不决。（　　）

（37）看什么都不顺眼时常常感到头疼。（　　）

（38）常常听见他人听不见的声音。（　　）

（39）常常毫无缘由地快活。（　　）

（40）一紧张就直冒冷汗。（　　）

（41）比过去更厌恶今天，常常希望最好出些变故。（　　）

（42）自以为经常对人说真话。（　　　）

（43）往往漠视小事而无所长进。（　　　）

（44）紧张时脸部肌肉常常会抽动。（　　　）

（45）有时认为周围的人与自己截然不同。（　　　）

（46）常常会粗心大意地忘记约会。（　　　）

（47）爱好沉思默想。（　　　）

（48）一听到有人说起仁义道德的话，就怒气冲冲。（　　　）

（49）自以为从没有被父母责骂过。（　　　）

（50）一着急后总是担心时间，频频看表。（　　　）

（51）尽管不是毛病，常感到心脏和胸口发闷。（　　　）

（52）不喜欢与他人一起游玩。（　　　）

（53）常常兴奋得睡不着觉，总想干些什么。（　　　）

（54）尽管是微小的失败，却总是归咎于自己的过失。（　　　）

（55）常常想做别人不愿意做的事情。（　　　）

（56）习惯于亲切和蔼地与别人相处。（　　　）

（57）必须在别人面前做事时，心就会激烈跳动。（　　　）

（58）心情常常随当时的气氛变化很大。（　　　）

（59）即使是自己发生了重大事情，也如别人那样思考。（　　　）

（60）往往因为极小的愉悦而非常感动。（　　　）

（61）心有所虑时往往情绪非常感动。（　　　）

（62）认为社会腐败，不管多么努力也不会幸福。（　　　）

（63）自以为从没有与人吵过架。（　　　）

（64）失败一次后，再做事情时非常担心。（　　　）

（65）常常有堵住嗓子的感觉。（　　　）

（66）常常视父母兄弟如路人一般。（　　　）

（67）常常与初次相见的人愉快交谈。（　　）

（68）念念不忘过去的失败。（　　）

（69）常常因为事情进展不如自己的想象的那样而发怒。（　　）

（70）自认为从没有生过病。（　　）

把你的回答（○、×、/、△）换算成相应的分值。"○"＝2分，"×"＝0分，"/"＝1分，"△"＝0分。然后根据"心理健康自我评分表"按题目序号归类，并算出每一类的合计分。

心理健康自我评分表

焦虑神经症：（1）（8）（15）（22）（29）（36）（43）（50）（57）（64）

歇斯底里：（2）（9）（16）（23）（30）（37）（44）（51）（58）（65）

精神分裂症：（3）（10）（17）（24）（31）（38）（45）（52）（59）（66）

躁郁症：（4）（11）（18）（25）（33）（40）（47）（54）（61）（68）

抑郁症：（5）（12）（19）（26）（33）（40）（47）（54）（61）（68）

神经质：（6）（13）（20）（27）（34）（41）（48）（55）（62）（69）

虚构症：（7）（14）（21）（28）（35）（42）（49）（56）（63）（70）

按照"心理健康自我评分表"各类的合计分，除去第7项虚构症，把第1项到第6项的合计分相加再乘3的积即为指数。如有人焦虑神经症得分为2，歇斯底里为3，精神分裂症为2，躁郁症为

4，抑郁症为2，神经质为2，合计为15，再乘以3等于45，此即为心理健康指数45，评语为"稍低"。一般说来，心理健康指数18—32的人，心理健康，无不良征兆，关键是适应各种紧张；33—47的人，心理健康，但可能某一症状较高，如这一症状高于3时就必须予以注意；48—61的人，心理健康水平一般，要积极找出分数为4以上的症状类型的病因，及时治疗62—76的人，稍有心理疾病，最好找专科医生诊断；77—90的人，一般已患有某种心理疾病，必须接受专业人员的心理治疗，早日恢复心健康。

训 练 指 导

教育目的

让学生关心自己的心理健康状况，维护自身的心理健康。

主题分析

随着科技发展，社会进步，人们认识水平的提高，越来越多的人开始关注自身的心理健康了。作为当今的中学生，为了更好地学习，更好地生活，同时也为了今后的发展，应当关注自身的心理健康状况。因为只有具备了良好的心理素质（心理健康状况），才会使一个人成长得更快、更好，可以说心理素质是一个人各方面素质的基础，也是诸多素质的集中体现。结合我国中学生心理健康的实际状况，对他们实施心理素质教育已迫在眉睫。

训练方法

量表自我评定法；讨论法。

训练建议

1. 教师发给学生每人一张自我评定量表，让学生了解自身的

心理健康水平。（注意：老师应对学生的评定结果给予指导性解释，以免给予个别学生带来心理负担。）

2. 师生共同讨论：作为中学生，最佳心理健康标准是什么？

3. 组织学生讨论自己身边的或听说的由于心理不健康而造成悲剧或事故的例子。

欣赏你自己

情感共鸣

爱因斯坦有个很突出的业余爱好：拉小提琴，如此伟大的物理学家小提琴拉得怎样呢？

《读者》中有这样一则轶事：著名的女高音歌唱家阿尔玛·克拉克经常在家里举行音乐会，很多著名的音乐家都来参加，爱因斯坦也常常出席。一遇有演奏提琴四重奏的机会，爱因斯坦就会怯生生地请求让他担任第二小提琴手。人们尊敬他的赫赫名望都答应做他的演奏伙伴，但每当爱因斯坦的提琴发出吱吱啦啦的声音时，人们只有对着他满头毛茸茸的白发相视苦笑。为什么苦笑呢？爱因斯坦实在是个糟糕透了的小提琴手，他甚至几乎不能正确数拍子，把他的伙伴搞得狼狈不堪。

设想一下，如果上述故事中的主人公换成一个普通人，我们

肯定会讥笑他不自量力，但他是爱因斯坦，所以我们轻易原谅了他。其实，每个人都有很不如一般人的地方，也一定有不一般的可贵优点，这样才是独一无二的个体。你是不是也有很多对自己不满意的地方呢？诸如知识面窄，学习成绩不突出，反应慢，口吃，鼻子太矮，眼睛过小，不善于打网球或滑旱冰等等？常听有同学讨论："我要是你就好了"，"我一点都不喜欢自己"。其实，就像《我是谁》一节中所说，谁都有缺点，连爱因斯坦也不例外呢，从现在开始，一起接受你的优点和缺点吧，我是独一无二的，我要喜欢我自己！

认知理解

接受自我就是以乐观积极的态度全盘接受自己的优点和缺点。不想做一个毫无特点毫无血性的非人类吧？特点本身就包含优点和缺点，浑身由优点堆积而成那只能是虚化的神。人人都有进步向上的愿望，可是缺点的存在是必然的。

接受自我的关键在于接纳自己的缺点。要自然地接受自己的缺点，还应明白缺点只是你本人的一部分，绝对不等于你的全部！你不能因有缺点就自卑烦恼，比如你的成绩不好，这决不等于你不好，你不能被缺点挡住了视线，不能因为有缺点和缺点多就全面否定自己。相信有得必有失，宇宙间有普遍守恒定理，这件事不行，换一件事你一定行。而且，接纳缺点并不是不必改正，对于可以克服的缺点，你还是应该努力改正，正如帮助一个后进同学，接受他而且帮助他提高。

拒绝接受自己的人是世界上最不幸的人，他们始终在做自己的敌人，不能相信自己，遇到难得的机会或挑战会退缩畏避，阻碍自己获得幸福和成功。他们无法体验到自我欣赏者的真实感、

轻松感和满足感，常常是痛苦的，或自卑自贬，离群索居，或自怨自艾，充满苦闷，或自高自大，掩饰不足，或自暴自弃，甘愿堕落。种种不利后果，都警示我们：天生我才必有用，每个人都是值得自己喜欢的！

操作训练

1. 接受自己的身体训练。写出自己平时极为忌讳的身体缺点，自己默念几遍，再想出劝服自己接受的理由，如"我鼻子太平，这没什么"。之后当众承认自己的缺点，你会发现原来自己一直不敢面对的缺点是那样的不足挂齿。

2. 有关别人的赞许的训练。不愿或不敢承认自己所有的缺点很大的原因是自小愿寻求别人的赞许。弄通这个关节（不必刻意追求别人的夸赞），接受自己就会容易得多。可以举行一个小型辩论。并尝试坦然接受批评。

3. 布置家庭作业：（1）阅读伟人传记，总结这些伟人的缺点；（2）经常总结自己优点，认真列成清单，然后保存好，每隔一段时间重新总结一次，看看单上的条目有否增加；（3）每天站在衣镜前5分钟，仔细观察自己，全面认识自己的外形特点，遇到不如意的地方，默默告诉自己：没什么，也挺好的。长期坚持，会让自己逐渐喜爱和接受自己的容貌；（4）每月记一次自己所受的批评，归纳分析其背后原因，有则改之，无则加勉，鼓励自己原谅别人，理解别人，喜欢自己，善待自己。

训 练 指 导

教育目的

让学生学会悦纳自己。

主题分析

一个人心理健康与否，有一重要指标，那就是他能不能接受，接受大自然、接受他人、接受自己。只有接受了自己，才能很好地分析自己。并在此基础上努力奋斗以不断完善自我。现实生活中，有为数不少的中学生，盲目崇拜别人，与此同时埋怨自己，埋怨自己个子不高，眼睛太小；埋怨自己智商不高，学习不好；埋怨自己能力不足，不够突出，诸如此类很多。其实，过多地责怪和埋怨自己本身就是心理不够健康的表现。作为中学生应对自己多一份喜欢，少一份埋怨，坦然客观地接受自我，发自内心地喜欢自我，想方设法发展自我，永无止境完善自我。

训练方法

训练法；认知提高法。

训练建议

1. 让学生进行接受自己的身体的训练，突出训练接受身体的不足，可使用与不合理信念辩论技术来进行。

2. 让学生通过阅读伟人的传记，发现在他们身上除了闪光的优点之外，还存在着许多不足，从而使自己勇于接受自我。

3. 让学生坚持平时对自己不断反思，思考自身的优势，自身的不足和取得的进步。

设计未来

情感共鸣

每人无记名地速写一篇短文，开头是"我今年三十岁了"，结尾是"一切和我十八岁那年想的一样"。

选读两三篇。其实你以前也写过诸如"2020年的我"之类的文章，本测验与此类作文一种性质，看你对未来的设想，也就是你的理想和目标。知道为什么长跑最后有冲刺吗？因为那是目标的明确激励。人的一生中这种对将来时的设计是很重要的，也是要不断进行的，这样随时调整自己奋斗目标，也就有了努力方向，这样就会促进不断地自我完善过程。据说波兰钢琴大师阿瑟·鲁宾斯坦从3岁起开始学琴，4岁时就开始分发名片，上面印着："钢琴巨匠阿瑟·鲁宾斯坦"。雄心壮志何其早兮！当然我们不必去效颦也及早做出名片，但设计未来自我形象，督促自我的不断完善，是完全可取的。

认知理解

中学生正处于多梦季节，常对未来充满憧憬，设计一下未来的自我就等于描绘一下"理想的我"，很容易脱离实际，经过努力也很难实现。所以，这种自我设计既要从实际出发，又要能激励自己，努力去实现。

设计自我时要注意：一不能凭空想象，从实际的可能性出发，包括国情、背景、个人条件等；二要建立在"现实的我"的基础之上，一切不能改变的要悦纳，诸如记忆力差等，可以复习巩固前几节内容；三要顺应时代进步和个人发展的要求，用乐观和进步的眼光看待自己。总之，恰如教育心理学中"最近发展区"的理论，通俗地说，跳一跳就能摘着的桃子。

设计自我，目的是不断地完善自我，所以这个过程要分阶段，持续地贯穿在整个人生历程中。

操作训练

1. 找出"理想的我"和"真实的我"之间的差距。

列出一系列描述自我形象的形容词（见第4页）每个形容词前有2个括号，符合理想的我，就划"○"，符合"真实的我"就划"√"，统计一下"○"和"√"的数目之差。

2. 全班进行一次即兴演讲会。即针对上题得出的结果谈谈对差距的认识，有否调整，有否计划。

训练指导

教育目的

让学生在"现实的我"的基础上设想"将来的我"，增强自我

体验，自我激励。

主题分析

一个人对自己美好的未来设想得越具体，目标越远大，他工作、学习的动力就越大，为了美好愿望早日变为现实，他会利用一切可以利用的时间，抓住一次又一次的机会，克服诸多困难，坚持不懈地向着目标奋斗。中学生处在爱幻想的年龄，多梦的季节，时常对未来充满憧憬，珍惜青春时光，努力学习、丰富自己。但也有个别中学生对生活和学习缺少热情，心中没有明确的奋斗目标；也有的中学生虽有奋斗目标，但目标欠妥，没有基础，处于海市蜃楼的理想境地。为此，对高中生进行"设计自我"训练实属必要。

训练方法

小组讨论。

训练建议

1. 教师让学生分组说说每个人的自我设计，并一起讨论它的合理性。

2. 让学生就"现实的我"与"理想的我"之间的差距写一短文，加强自我认识，找出努力方向。

3. 让学生谈谈假如实现了他（她）的目标后，心情如何？

树立自信

情感共鸣

　　一位叫拿破仑·希尔的美国人曾经写过一本小书《自信心》。有一天，一个流浪汉来到希尔的办公室，要求和他谈谈，他从口袋里掏出这本小书，说："一定是命运之神在昨天下午把这本小书放入口袋中的，因为当时我已决定跳进密歇根湖了此残生。但还好，我看到了这本书，它给我带来勇气和希望，并支持我度过昨晚，我下定决心，只要我能见到这本书的作者，他一定能协助我再度站起来，现在，我来了，我想知道你能替我这样的人做些什么。"经过了解，这个人是因为战争使他破产，妻离子散，而成了一个流浪汉。希尔听完他的故事，充满同情地说："我希望我能对你有所帮助，但事实上，我却绝无能力帮助你，但我可以介绍你去见本大楼内的一个人，他可以协助你东山再起。"流浪汉立刻充满了希望。于是，希尔引导他来到实验室，站到一面可照到人全身的大镜子前，他指着镜子说："就是这个人，在这世界上，只有这个人能够使你东山再起，除非你坐下来，彻底认识这个人，否则，你只能跳到密歇根湖里，因为在你对这个人的充分认识之前，对于你自己或这个世界来说，你都将是个没有任何价值的废物。"流浪汉对着镜子认真打量了几分钟，开始哭泣起来……

几天后，希尔在街上碰到了这个人，几乎认不出他来，他的步伐轻快有力，头抬得高高的，从头到脚打扮一新，原来他为自己找到了一份工作，并从老板那里预支了薪水。更重要的是，他对生活重新充满了信心，坚信自己一定会走上成功之路，他对希尔说："幸好你要我站到那镜子前，把真正的我指给我看，让我重新找到了自己。"

这个故事告诉我们，世界上大凡成功的人，他们都将自信作为起点，正如爱默生所说：

"自信是成功的第一秘诀。"

你觉得呢？

认知理解

你有自信心吗？可能多数同学会回答没有；为什么会造成这种情况呢？可能有以下几个原因：

1. 非此即彼的绝对思维，一切追求十全十美，即使任何小的失误或不完善，都产生极大的失望或恐慌，进而否定自身价值。

2. 将偶然当必然的公式化意识，事情只要发生一次，就认为不断地重复发生，从而失去信心。

3. 妄自菲薄的消极意向，毫无根据地自怨自艾，无缘无故

地长吁短叹，莫名其妙地无病呻吟，对成功总认为太偶然、太侥幸。

4. 一错再错的悲观哲学，过分夸大自己的不足，低估自己的长处。

5. 感情用事的心理困境，不关心事实，只相信自己的感觉等等，如此种种。我们还可以列举出很多，你是不是有以上所说的思维方式呢？可一定要注意了！

有心理学家说过：几乎所有人情绪的消极反应都可能是由于自信心不足的结果，一个缺乏自我意象的人，会轻易地夸大那些微不足道的过失和不足，自己吓唬自己，就像面临天塌地陷的灾难一样。缺乏自信心的人忽视周围环境的变化，还是以静止的眼光来看待自己，就像坐在火车里前行，明明你在飞快地奔向目的地，但你却说："你看我坐在椅子上一动也没动。"

看不到自己进步的人就这样不断打击自己的信心，所以形成不当的自我意识，为自己的心理发展设置障碍。

操作训练

你一定关心一个很关键的问题，如何成为一个自信而有活力的人呢？那就让我们从日常生活的小事做起，一点一滴努力吧！

1. 准备一个日记本，每天的内容分为两部分，一半及时记下自己意识到的一系列自我贬低、自我失败、自我责备的想法，比如："我都笨死了""我干什么都不成"等等；另一半记录你在生活中的成功，哪怕是一个小小的困难，如"我跑100米在班里是第一名""我攻克了一道数学难题"等等。然后用自己的理智来思考，认清前一半想法的荒谬之处，体验后一半成功的喜悦，就会增加你的自信心。

2．每天花上10分钟，想象自我希望中的自己的形象，然后努力去做。

3．增加知识并学习某种技能，有很多方式可以使一个人提高修养，丰富自己，不要忽略自己所具备的才能，哪怕是唱歌、踢足球。

4．当你出现错误或遭人嘲笑和拒绝时，一定要记住把错误当作学习的经验，把嘲笑当作无知，遭到拒绝后，要回头来检点自己，把拒绝看作是一种行为，并非对你整个人的否定与排斥。

5．学会随时以微笑待人，这是自信的表现。

6．为自己找到一个可以效仿的人，最好是与自己经历相似而成功的人，学习他的方式，磨炼自己。

对于具有自信心的人来说，前进的道路上没有无法逾越的障碍，请你不要忘记：你是世界上独一无二的，没有人能够代替你！

训练指导

教育目的

让学生认识到建立自信心在个体成长中的重要性，对自我有更深刻、更全面的认识。

主题分析

随着中学生自我意识的不断发展和成熟，他们越发以一个独立个体形象立足于社会，在生活、学习各项活动中，自信心成为影响成功与否的一个重要条件。自信心就来源于个体完善的自我意识，可是事实上，有些中学生对自己的认识有明显的偏差：要么自负、自傲、目中无人，成绩都是自己的功劳，失败都是别人的错误；要么自卑、自责、害怕见人，一切过失都是自己的无能所致。这些不当的情绪和行为反应都会影响个体的人际关系和工作学习效率，又易形成恶性循环，导致心理障碍。因此，帮助他们树立自信心，扫除心理发展的障碍，是极其重要的。

训练方法

讲述法；自我训练法；榜样法。

训练建议

1. 教师向学生讲述自信心在人的成功中发挥重要作用的故事，引起学生情感上的共鸣，并激发他们进行深刻思考。

2. 指导学生进行自我训练的方法，还要进行督促，定期检查，观察效果。

3. 也可课后组织同学进行讨论，谈谈自己的收获和想法，讲一讲今后的打算，最好形成书面小结。

独一无二的我

情感共鸣

契诃夫有一次接到弟弟的信，信上自称是"你的渺小无闻的弟弟。"

他立刻提笔在回信中写道："你为什么自称是'你的渺小无闻的弟弟'？你承认自己渺小吗？在人们当中需要自己的尊严。你又不是骗子，你是个正直的人，对吧？那就尊敬自己是个正直的人吧，要知道，正直的人并不是渺小的，不要把谦虚和妄自菲薄混为一谈。"

古希腊斯多噶主义哲学家爱比克泰德如是说："我必须死，那么我也必须呻吟着死吗？我必须被锁禁，那么我也必须是悲哀着的吗？我一定要被放逐，但是我可以是微笑着，愉快地宁静地而去，有什么阻挡我这样做呢？……你锁得住我的腿，可是宙斯也强不过我的自由意志。"

如此种种，还有什么比自尊、自立、做自己的主人更让我们心动的呢？

认知理解

每个人都是独一无二的，而且每个人的意识也都是自由自主的，我们应清醒地认识到，是一个人的人格支撑着独属于你自己的天空和世界，而这一切的前提就是你必须学会自尊、自立、做自己的主人！

自尊，不是脆弱、敏感的自我保护，自尊也应是合理、有限度的，好多同学自尊心过强，受不了别人对自己一点点的批评和指责，只会以自怜和反击来武装自己，结果恰恰是找不到"自我"。

自立，不是反抗来自父母、长辈、师长的关心、爱护，作为一名中学生，各种条件的限制，不可能使我们达到完全独立，我们所追求的是精神上的独立，对父母的适当引导是可以接受的。

自尊、自立就是要向别人展示一个乐观、向上、有原则、有能力，既应追求自己的适当权益，又会很好地与社会、环境相处的自我形象，换言之，你学会自己来主宰自己！

操作训练

一个人要达到真正的自尊、自立，必须形成正确的自我意识。

1. 小组讨论，每一个人都说一说自己是否做到了自尊、自立，然后由其他同学来进行评价，共同制定一个行为标准，来进行交流。

2. 给同学布置作业，读名人小故事，寻找他们在青年时代自尊、自立的范例，并想一想在我们现在的学习、生活条件下，我们应当怎样向他们学习。

3．做一个小测验，让同学们了解自己的现状。请准备几张纸，一支笔，然后在第一张纸的开头写下：

第一步：我的父母想要我从事什么。

写下你的父母到底想要你做什么，详细写下他们所看重的个性。

然后拿出另一张纸写下第二个题目，这是第二步：我的朋友认为我应该做什么，把他们认为应该具有哪些主要品质，尽你所能想到的列举出来。

第三步：在第三张纸上写下"我自己想做什么"，也列举自己所认为应该具有的品质。

完成后对这三张纸的内容进行比较，看自己的想法与他人对自己期望之间的差距，再看一看现实中的自己是否按照自己的想法去做了，自己离自立还差得多远，并赶紧想办法补救，把你所想到的改正措施列到第四张纸上，并为自己安排一个计划表。

訓练指导

教育目的

1．使学生认识到，每个人都是独一无二的，个人的意识也是自主的，但自立也就意味着责任。

2．提高学生的社会认知能力和行动能力，深刻体会自尊、自立的重要性。

主题分析

自立是青春期之后很重要的一种追求，在中学生中更是如此。因为自立意味着长大成人，意味着自行其是。自立感让人拥有信心，好像证明了自己的能力。而且，中学生的自尊需求也尤为强烈，他们渴望能被社会认可和接受，可又不愿接受批评和指责，在心理上设置一个保护膜，结果难以形成正确的自我意识。因此，使学生认识到自我需求与社会要求之间的差异，意识到自己的责任和义务，能够做自己的主人是中学生必修的一课，也对他们今后的人生道路有着极其重要的意义。

训练方法

讨论法；作业法；测验法。

训练建议

1. 教师组织同学结合自身情况进行讨论，并共同制定出符合实际情况的行为标准。

2. 教师对学生的作业要给予充分的指导，最好让每个同学将自己的感想写出来，提高他们的认识。

3. 作测验时材料要让同学有准备，并鼓励同学写真实的想法，制定出计划表，教师要组织好整个过程。

现实的我

情感共鸣

你了解自己吗？请直接回答以下问题，然后找出真正的你。

1. 在众人面前你能明确地表达意见吗？

A. 能　　　　　B. 不能　　　　　C. 不知道

2. 以下三种电视节目，你会选哪一种？

A. 歌唱节目　　B. 连续剧　　　　C. 游戏类节目

3. 草地上有一朵花，你希望这朵花是什么颜色？

A. 粉红色　　　B. 黄色　　　　　C. 蓝色

4. 给你一个月时间，你想化身为以下哪一种动物。

A. 狗　　　　　B. 猫　　　　　　C. 小鸟

5. 你是否能和讨厌的人谈得来。

A. 可以　　　　B. 不可以　　　　C. 不知道

6. 下一世你想当男性还是女性。

A. 男性　　　　　B. 女性　　　　　C. 男女皆可

7. 下列人物你喜欢哪一位？

A. 肯尼迪　　　　B. 孙帕兹博士　　C. 甘地

8. 看见港口你会联想到什么？

A. 海外旅行　　　B. 送别　　　　　C. 贸易

9. 你是否热衷参加团体活动？

A. 是的　　　　　B. 没有　　　　　C. 偶尔

计分标准：

A. 5分　　　　　B. 1分　　　　　C. 3分

请算出你的总分

9—17分：A型　　　　　　18—25分：B型

26—33分：C型　　　　　　34—42分：D型

43—45分：E型

A型：幻想做梦型

这种人比较喜欢独自看书，而不愿和大家聊天。善于动脑筋出主意，创造力丰富，缺点是有追求但不付诸行动，适合于室内设计师、作家、诗人、音乐家等充满梦想的职业。

B型：慎重努力型

这类人行动不多，但却能埋头实现自己的梦想，优点是坚韧不屈，踏实向上，缺点是常被人看作胆小鬼，不擅于与他人相处。适合职业有排版打字员等需要技能的工作，或者像公务员、研究员等比较呆板的职务。

C型：安全顺应型

绝大多数人属于这型，和别人易相处，生活充满生气，易得到大家的信赖，对任何职业都有可能成功，特别适合事务性工作。

D 型：积极行动性

这类人不断追求新的事物，总是持有大目标，对任何事都相当积极，易成为领导者，他人常有求于你，适合你的职业有：老师、保姆、警察等。

E 型：社交个性型

这一类型的人特点是追求新奇、朝气蓬勃、有乐天的个性，喜欢和人接触，总想做一些他人不能做的事，行动积极，优点是不在乎他人的批评，适合你的职业有：空中小姐、各种服务业、主持人等。

认知理解

作了上面这个测验，你也会惊奇地发问："我是这样的一个人吗？"这就是人本身的魅力所在，因为即使对自己，"自我"都是一个永远探究不完的秘密。

在你们这个年龄阶段，自我意识已经产生分化，在心理上把自我分成了"理想的自我"和"现实的自我"，而且这二者之间又常常伴有自我矛盾。最常见的原因，就是不能正确描述现实的自我，看不到二者之间的差距，从而盲目地追求理想中的自我，给我们的学习、生活带来了许多不如意。就像这个趣味测验一样，也许正是反映了你理想中的自我，而现实中你可能并不是这个样子，是不是呢？

人生最遥远的距离，不是相隔天涯海角，而是当你站在镜子前，望着镜子里陌生的自己吧！所以，首先要让我们来认清自己！

操作训练

1. 请你根据自己的实际情况，很快地完成二十个句子，这些句子都是以"我是……的人"为结构的，请你填上中间的部分。

例：我是＿＿＿＿＿＿＿＿＿＿＿＿的人。

2. 讨论

将同学分组，分别写出自己认为的一个男性（女性）应该有的特征，包括外表、性格、行为方式，然后互相讨论，看自己的看法是否能被其他人接受，综合一下大家的意见，讨论后，想一想自己是什么样的，是一个像样的男生（女生）吗？

3. 作业

如果你有一个好朋友与你失去了联系，要登出一份内容详尽、描述准确的寻人启事，由你来完成它，写上自己的生理状况、心理特征、人际关系、学习生活等状况。完成后，让同学看看，写的是你自己吗？

寻人启事

现寻找好朋友（你的姓名）

其特征如下：

＿＿＿＿＿＿＿＿＿＿＿＿＿＿＿

＿＿＿＿＿＿＿＿＿＿＿＿＿＿＿

＿＿＿＿＿＿＿＿＿＿＿＿＿＿＿

训 练 指 导

教育目的

1. 让学生了解自我也有"理想中的自我"和"现实中的自我"两部分，意识到自我矛盾的产生往往是由于不能正确描述现

实的自我。

2. 教育学生正确描绘现实自我，使学生自我意识不断完善。

主题分析

中学生的自我意识已经产生分化，可学生并不能完全区分这两部分，有的人以"理想中的自我"自居，沾沾自喜，往往会在前进的道路上跌倒。又有的人对"现实中的自我"认识不清，对自我的认识和别人眼中的自己有很大差距，对中学生而言，这正是促进他们自我意识成熟的关键时期。中学生的学识、阅历较前已有很大提高了，结合他们这一特点，对其进行正确教育。

训练方法

测验法；讨论法；游戏法。

训练建议

1. 教师向学生讲述有关自我意识的内容、意义。

2. 组织好学生完成测验，写出自己真实的想法。

3. 通过同学间的讨论，使大家意识到自己眼中的"自我"与别人眼中的"自我"有何不同，以便日常生活中注意形成正确的自我意识。

自我欣赏

情感共鸣

生于世界上，存于宇宙间，你不比别人多，也不比别人少，同顶炎炎烈日，共沐皎皎月辉，心智不缺，心力不乏，只要你勇于展示自己的才华、个性及风采，那么，你就没必要去仰视别人。

你，就是一道风景！

不要隐于云海峰峦之后，不必藏于青竹绿林之中，你就是巍巍山峦的一石，就是苍林中的一株。所以你没必要敬畏名山大川，没必要去赞叹大漠孤烟，你的存在，其本身就在解释世上所有的景致；你的存在，正注释着时代的一种风情！

不必去拥挤了，你就站在属于自己的位置上，不断地展示你内心世界的丰富内涵，给苍白的四周以绮丽，给庸俗的日子以诗意，给沉闷的空气以清新，每日拭亮一个太阳，用大自然的琴弦，

奏响自己喜悦的心曲。

自然美具有不以人们意志为转移的自然性，梅花自有梅花的风韵，红杏自有红杏的丽姿，如今认清自己往往比注视别人更为重要，没必要褒扬别人贬低自己，应该果敢地站起来，与最佳景观比肩，只要你不懈追求，相信你……你不用注视人们的眸光便可知道，你在阳光下用身影发表宣言：你就是一道美丽的风景。

认知理解

学会自我欣赏。自我欣赏是指以乐观的态度全面地接受自己的优点和缺点，对自己感到满意并充满信心。自我欣赏的关键是接受自己的缺点。世上没有十全十美的人，所以你不必为自己的缺点而烦恼，只要你努力改正它就足够了。自我欣赏是要全面地看待自己，其核心是要充满自信。美国科学家凯特林说："任何一个想当科学家的年轻人必须愿意在成功一次之前失败九十九次，而且不因失败而伤害到自信。"

自我欣赏不等于孤芳自赏，二者的本质区别在于孤芳自赏者并不能真正接受自己的缺点，而是回避自己的缺点，而自我欣赏者不但接受自己的缺点，还能努力弥补自己的不足。

操作训练

1. 缺乏自我欣赏的不良后果

缺乏自我欣赏使人丧失斗志，降低努力，更多的尝受痛苦的折磨。

缺乏自我欣赏者往往会认为自己缺乏吸引力，觉得自己不受欢迎，所以他们在人际交往中缺乏主动性，容易使自己变得孤僻，不合群，不善于面对他人的批评。缺乏自我欣赏者往往是痛苦的，心理上会产生一些障碍。

2. 自我欣赏的一些具体做法

每天早上洗脸之后，用一分钟时间对着镜子作出不同表情。并认真观察，持之以恒，你将发现，这样做会使你整天保持愉快的心情，还会使你逐渐喜欢和接受自己的容貌。

阅读一些伟人的传记或书籍，然后总结这些人的优缺点，你将因此而受到巨大鼓舞。

与人交谈时多用陈述句，少用疑问句，尽量避免犹豫不决的口气，并且提高你的声调。这会让对方觉得你是个自信的人。经常总结自己的优点。你不妨把它们列成一个单子。然后保存好，每隔一段时间重新总结一次，看看单子上的条目是否有所增加。

友好地对待自己，当自己获得小小的成功，别忘了奖励自己；当你感到疲惫或者厌倦，给自己放个假，休息一下；在节日或你自己的生日里，不要光是等着别人的礼物，你也可以送一点儿礼物给自己。

你无须得到别人的赞许，正确地对待他人评价的同时，不刻意寻求别人的赞许。因为你总不能让每个人都满意，总统竞选时也可能有百分之四十的反对票。你有权利喜欢一些东西，不要因别人的反对而改变自己的想法，不要因别人的评价而烦恼，因为你的价值不依赖于别人的评价。

训练指导

教育目的

1. 让学生学会自我欣赏，不苛求完美。

2. 培养中学生的自信心。

主题分析

中学生的自我意识迅速发展，但他们往往不能全面而正确地认识自己，因而，教师要在使他们正确认识自己的优缺点的基础上，接受自己并学会欣赏自己，每个人都有优点和缺点，只有缺点或只有优点的人是不存在的。相对而言，人们往往容易接受自己的优点，而无法正视自己的缺点。有很多学生可能为自己的缺点而整日烦恼，如知识面窄、成绩不好、容貌不佳、肥胖、体育不好等。也有的同学无视自己的缺点而自傲。因而人们要使自己不断进步，就不能一味地拿自己的缺点与他人的优点比，打败自己。当然，也不要一味地拿自己的优点与他人的缺点比，抬高自己。因此，教师要引导学生学会欣赏自己的优点和完善自己的缺点。

训练方法

讲述与讨论；榜样引导法。

训练建议

1. 同桌间讨论。每个人向对方介绍自己的优点和缺点，说明自己哪些方面是值得自豪的，哪些方面是应该改正的，双方交换意见。

2. 教师可结合自身缺点或伟人的缺点向学生讲解人无完人，不必苛求完美的道理。

做一个快乐的中学生

情感共鸣

　　我是一个永远都会自己寻找快乐的女孩，所以朋友们叫我快乐鸟。我喜欢真实自然，不喜欢做作，闲时我会画幅画，高兴时会唱支歌，情绪好时我还会拿出笔记录下真实的心情。即使是情绪不好时，我也会大声地朗诵我喜欢的诗或文章，借以排解烦恼，我能画，能唱，又能文，还喜欢踢球，也算得上"文武双全"吧。我喜欢变换自己的色彩，我是一个执着的女孩，为我所爱，不管所做的事情成与败、该不该。我又是一个自信的女孩，不仅会带给你蓝天和大海，也会给你带来寒风和秋雨。我经常阅读自己，修改自己，我会把自己雕琢得更可爱。

　　怎么样，我这只"快乐鸟"的天堂是不是特别的快乐？我要使每一天都过得充实而愉快。

认知理解

心理健康的标准之一是个体能正确地认识自我并悦纳自我。心理学认为，自我指对自己存在的观察，即认识自己的一切，包括认识自己的生理、心理特征以及自己与他人的关系。具体地说，自我包括3个方面。（1）物质的我，指自己的年龄、身高、体重与外貌等。（2）社会的我，指自己在团体中的地位、角色、与他人的关系等。（3）精神的我，指自己的智力、情绪、性格、气质、兴趣爱好、道德观和人生观等。

我们每个人都会说我了解自己，但是这种自我认识和评价是否准确客观，是否符合自己的实际情况，却很少有人去思考与反省。其实，要正确地认识自我，客观地评价自己并非易事，我们不仅要通过反省来认识自己，也要通过他人的评价来认识自己，所以我们一定要耐心地听取别人的意见和建议，不断地发扬自己的优点，克服缺点，正视自己的实际能力与个性特点。只有这样，我们才能不断地了解自己，完善自己。

操作训练

1. 认识自我的途径有这样几个：一是通过自我反省和检查来认识自己，二是通过别人的态度和评价来了解自己，三是通过各种心理测验来了解自己，四是借助活动成果来认识自己。一个人要比较准确地认识自我，不能只根据单方面的认识，如自我检查或听他人的评价就作出判断，必须结合多方面的途径来全面了解。

2. 猜猜我是谁活动

（1）下面是"形容词检核表"。这项活动可在班级由老师主持进行

我是……

有恒心的	顺从的	冲动的
有谋略的	爱争辩的	冷漠的
害羞的	有主见的	理性的
缺乏想象的	文静的	富想象力的
有条理的	被动的	善解人意的
直觉的	追根究底的	活跃的
有责任心的	乐观的	依赖的
好交际的	友善的	擅言词的
好奇的	含蓄的	理想主义的
固执的	拘谨的	慌乱的
具体的	喜欢表现的	刚毅的
爱冒险的	有野心的	合作的
情绪化的	细心的	保守的
爱动脑筋的	助人的	有自信心的
慷慨的	独立的	聪明的
有说服力的	富创意的	坦率的
周到的	实际的	有同情心的
精确的	防御的	不重实际的
爱反思的	天真的	沉着的
节约的	浮躁的	有效率的
真诚的	温柔的	悲观的

（2）每个同学从表中选出自认为是自己突出特点的形容词，写在纸条上，不计姓名，然后将纸条交给老师。老师随机抽出一张读一下，让全班同学猜猜是谁写的。然后，教师请猜中的同学说出理由，并请被猜中的同学谈谈感受，不被猜中的同学可以主

动承认，然后大家讨论他的特点。师生共同讨论每个同学的自我评价与他人评价是否一致，以增进自我认识的客观性。

训练指导

教育目的

1. 引导学生进行正确自我评价的同时，正确对待他人的评价。

2. 让学生学会从多方面来了解自己，评价自己。

主题分析

每个人的心目中都有一个自己的形象，同时，在别人的眼中，你又有另外一个形象。当然，二者越一致越好。中学阶段，学生由于自我意识很强烈，往往会导致自我评价和他人评价相差甚远，或无法接受他人的评价，尤其是指出自己的缺点。因而，教师要培养学生积极乐观地接受他人的评价，并据此正确的剖析自己，以便使自己更加完善，使学生认识到，能够正确地评价自己和认识自己，是相当困难的。因而每个中学生都要学会从多个方面，不同的角度来认识自己，更重要的是正确地对待他人的批评。

训练方法

认知理解法；游戏法。

训练建议

1. 教师给出"形容词检核表"，要求每个学生写出最符合自己的词、不计名，交给老师，老师抽取一张，读出，让大家猜猜这是谁。

2. 游戏过程中，教师要不断进行总结。就具体问题讲解为何有时自我评价与他人的评价不一致，如何把二者结合，更全面地了解自己。

3. 教师要讲清正确评价自己的重要性和了解自己、评价自己的方法。

尽我所能

训练内容

情感共鸣

　　著名学者季羡林在他的《季羡林自传》中向我们描述了他的一段亲身经历。那时正是二次大战时，季羡林先生在德国。一天，英国飞机投下了气爆弹，全城玻璃大部分被气流摧毁了。轰炸后，作者在街上听见到处都是扫玻璃的哗哗声。他看到远处一个老头弯着腰，手里没有扫玻璃的笤帚，聚精会神地不知在看什么。走近才认清原来是蜚声世界的流体力学权威普兰特尔教授。作者向他招呼，他告诉作者，他正观察炸弹引起的气是怎样摧毁操场周围的一段短墙的，这是在他的实验室里无法看到的。作者说，面对这样一位忠于科学的老教授，他陡然一惊，立刻肃然起敬。这位教授岂止是一般的沉迷，简直是置生命于不顾的"忘我沉迷"。其实，真正有成就的人就是这样追求真理并达到成功的。人们做事时，只有达到忘我的境界，才能感觉到最幸福、最美好，内心充满了无以言表的喜悦。

认知理解

著名人本主义心理学家马斯洛把人的需要归纳为从低到高五个层次，即生理需要、安全需要、爱和归属的需要、尊重的需要和自我实现的需要。自我实现需要是人的五种需要中最高层次的需要，它是劳动者能力发挥的最终状态。自我实现的本质特征是人的潜力和创造力的发挥，只有将人的潜力和创造力都发挥出来，人们才能获得满足，感到幸福，自我实现的人们往往处于高峰体验状态，正如那位著名的教授。

高峰体验是对人的最美好的时刻，生活中最幸福的时刻，对心醉神迷、销魂狂喜的体验的概括。当人们全身心地投入自己喜欢的工作时，全身处于亢奋状态，是一种如痴如醉，无比欢畅的时刻。这时人们已经完全沉迷于对事物本身的研究，忘记了其他的一切。

其实，很少有人能够体验到这种极乐的感觉。只有人们对事物本身感兴趣，而不在乎外界的奖惩、名利时，人们才有可能体验到这种物我合一、天人合一的感觉。

操作训练

1. 关于自我实现，我们可以从不同角度加以理解，最通俗地也最能说明问题的莫过于这段话："一位音乐家必须作曲，一位画家必须绘画，一位诗人必须写诗，否则他就无法安静，人们都需要尽其所能，这一需要就称为自我实现需要。"马斯洛还说："自我实现也许大致描述为充分利用和开发天资、能力、潜力等等。这样的人似乎竭尽所能，使自己趋于完美。"

2. 自我实现是人们的最高级需要，是人的本能需要。需要满足以后人们就会体验到积极的情绪，因而需要满足的程度与心理健康的程度有确定的关系。也就是说：自我实现者比一般人更健康。当然自我实现与个人奋斗是不同的，自我实现是为他人、为社会、为人类贡献自己的一切，充分领略到"被人需要的幸福"，充分体验到忘我的乐趣。而个人奋斗则是为了个人的私利而竭尽全力地工作，最终是为了个人的生活安逸和名利，自我实现是人生的最高境界，是社会发展的源泉。

3. 自我实现者的特征如下：你可以把这些特征与自身对照一下，了解一下自己自我实现的程度如何。

（1）准确而充分的知觉现实。他们比正常人更能正确的看出隐藏的事实，能轻易判别新颖、独特的东西，更愿意接受未知的事物。

（2）自我接受与接受他人。他们对人对己很宽容，不求全责备。

（3）强烈的好奇心与求知欲。

（4）以问题为中心，而不是以自我为中心。

（5）经常产生高峰体验。

（6）行为和思想自然，坦率且具有自发性。

（7）对美的不懈追求。

（8）超然独立的特性，他们有离群独处的需要。

（9）自主性，他们独立于文化与环境，是自己的主人，对自己的命运负责。

（10）对生活的反复欣赏能力。他们不会对生活产生疲倦、陈旧的体验。

（11）仅与少数人建立深刻而密切的人际关系。

（12）具有明确的伦理观念。

（13）富有哲理和幽默感。

（14）具有创造性。

（15）民主的性格结构。

（16）抵制文化适应，他们反对无条件地适应社会和现存文化。

训练指导

教育目的

1. 使学生了解每个人都需要充分发挥自己的潜能并得到他人的承认。

2. 把学生对自我的认识引入更高境界。

主题分析

人作为一个个体存于世界上，要经历几十年的人生历程，在这一短短的生命历程中，人们不仅仅是追求更好地吃、穿、住、行，获得物质上的满足。更重要的是精神生活，每个人都希望得到他人的承认和尊重，实现自身的价值。因而，教师应结合生活中的实例让学生明白，努力学习不仅仅是为了升学、求职，更重要的是为了实现自身价值，培养学生形成自我实现者的人格特征。学生了解了人的这一需求之后，会树立远大的理想，使自己的胸怀更加宽阔，深刻地理解人生的意义和责任，把自己的发展同社会的发展和人类的进步结合起来。

训练方法

实例分析法；自我测试法。

训练建议

1. 教师结合一些伟人自我实现的实例，引导学生了解自我实现的真正含义。

2. 使学生认识到只有对所学习的东西达到忘我的痴迷时，才能体验到自我表现的快乐。

3. 也许有人在年轻时就体验到自我实现的境界，而有的人一生也体验不到。

4. 自我实现者的特征在学习和生活实践中是可以培养的。

浅析价值观

训练内容

情感共鸣

对学生的价值观的多项调查表明，中学各年级学生一致认为"世界和平""自由""诚实"和"爱情"比较重要，而另外一些价值，如"拯救""逻辑"和"想象"等不太重要，低年级学生和高年级学生在某些价值内容上存在差异，如低年级学生认为"家庭保护"较重要，而高年级学生则认为"平等"和"社会认知"较重要。比较初三、高一、高二、和高三学生与他们父母和教师的价值观相比，中学男生比他们的长辈更重视自我放任，享受个人快乐，努力追求自己的目标，作为团体成员而参加有关的活动，但比他们的长辈缺乏对他人的友好和关心，中学女生与教师和父母的差异不像男生那么明显，中学生比他们的父母和老师更看重忠诚、不受惩罚、与同伴团结一致，但不太重视诚实和信任。"智慧、自尊、真正的友谊"在各年龄阶段始终处于十分重要的位置。男生把"真正的友谊和社会认可"看得很重要，女生则把"幸福"看得更重要。

认知理解

价值观是一个比较宽泛的概念，它是人们关于人生目标和信仰的观念，是人们关于某事物或某活动对自我生活的重要性、实用性、价值的一种判断，是人们用以衡量事物好坏利弊的准绳。人的行为总是受一定的价值观的影响和制约，价值观对人的行为起指导和调控作用。

人的价值观是通过后天的学习和生活经验获得的。它的萌芽一般是初中阶段开始的，学生逐渐形成了独立自主的意识，形成自己关于价值的认识和评价，这种价值观一般到青年期25岁左右逐渐成熟和稳定。

学生价值观的形成和发展，主要受家庭、学校和社会三方面影响。由于个体的生活经历和认识水平不同，他们的价值观念也存在着一定程度的差异。价值观的内容也随年龄和经验的增长，由简单到复杂，由肤浅到深刻。高三学生已初步形成了较深刻的价值观，但仍不够稳定和深刻，还没有定型，还在发展。

操作训练

1. 了解价值观的类型

有研究者根据个性类型理论把人的价值观分为六种类型：

理论型：他们的兴趣在于发现真理，寻求事物间内在的关系，具有实验的、批判的和理性的爱好。他们评判事物好坏的标准是它是否符合一定的理论建构和他的理想，往往不注重现实因素，这使他们超然于社会现实。

经济型：这种人的兴趣在于实用，强调事物的实用价值，而对理论不感兴趣，他们评判事物的标准是能否给他们带来实际的利益，这些人具有实干精神。

审美型：从形式与和谐寻找最高价值，以文雅、优美、对称和恰当的标准去判断每一种经验，富于幻想和激情，较少关注现实，更多的生活在一种理想中，其生活的主要兴趣在于审美。

社会型：这类人的最高价值是爱人，利他和仁慈。他们评价的标准是否符合社会公德，是否有利于社会的发展，是否有利于人性的发展，这些人自然、真诚、往往受到人们的欢迎。

政治型：这类人的主要兴趣在于个人权利，个人影响力和个人的声望上，希望在这些方面竞争、奋斗，为了达到这些目标，他们不惜牺牲真诚和友谊，他们关注社会，是因为社会可以赋予他们所想要的东西。

宗教型：他们的兴趣在于神秘性，包括试图探究各种生活经验的一致性及其本源，以及寻求对人以至整个宇宙的理解。

2. 你的价值观属那种类型？

请进行"青少年价值观自测问卷"。

这是由中国科学院心理研究所《中等学校职业指导课的实验研究》课题组编制的价值观自测问卷，于1993年出版，可用来测定青少年的价值观类型。

指导语：

这里是一些有关生活、学习和工作的问题，请你根据自己的真实想法作出选择。注意，真实非常重要。本测验的答案没有"正确"与"错误"之分。填写的方法是，在二种情境中必选一种，并按照题后提示的编码，填入空格中。例如：电视出故障的时候，你会（1）不看也罢，就那样放着；（2）马上请人修理。5，6。如果选择后者，则填写编码6，现在我们开始正式测试：

1. 很早就想去一个地方，目前各方面都很配合，这时你会（1）赶快订计划；（2）想走就走。1，2

2. 假日正想做自己的事，但刚好有个赚钱的机会，这时你会（1）还是按预定计划行事；（2）接受赚钱的机会。3，4

3. 电视出故障的时候，你会（1）不看也罢，还是放着；（2）马上请人修理。5，6

4. 当你独坐公园，见情侣亲热，这时你会（1）觉得他们真羞耻；（2）心想何必要在这个地方。7，8

5. 欲搭乘9：00的火车，这时你会（1）尽早出门；（2）只要能赶上，不必那么急。9，10

6. 拼命做的事却做不好，这时你会（1）停止做而改做别的事；（2）更拼命地做。11，12

7. 车上杂志广告中，有报道你最喜欢的歌星的文章，你会（1）心想赶快买来看；（2）不一定非买不可。13，14

8. 看书看到不懂的字，你会（1）查字典；（2）不在意地念过去。15，16

9. 在街上突然遇到教过你的老师，这时你会（1）向他打招呼；（2）避开他的视线。17，18

10. 聊天时，听到你认识的人与人同居，这时你觉得（1）并不在乎；（2）怎么会做这种事？19，20

11. 半夜听收音机，恰好有你喜欢的专辑，但要到明早5：00结束，这时你会（1）听完为止；（2）为了不影响学习，而打消念头。21，22

12. 当父母亲说："你是我们的依靠，要好好努力"时，你会想（1）觉得太烦人了；（2）不可使父母担心，应全力以赴。23，24

13. 当你被老师说"我们对你有很大期望，你要努力地做"时，你会想（1）非完成期望不可；（2）又来这一套。25，26

14. 假日逛街，其中有个朋友穿着最流行的服装，你会（1）也想穿，问朋友哪儿买的；（2）觉得赶潮流，真无聊。27，28

15. 坐在车内，前面有个老太太站着，这时你会（1）依然坐得好好的；（2）把座位让给她。29，30

16. 接连几个放假日，朋友找你去登山，但你觉得会很累，你会（1）不好意思拒绝，还是去；（2）还是要拒绝。31，32

17. 听到学校的同学得了奖，你会认为（1）跟自己毫无关系；（2）自己也以此为荣。33，34

18. 和四五个朋友计划去旅行，这时你会（1）让别人订计划；（2）自己筹划。35，36

19. 听到认识的人因批评公司的措施而被解雇，你会（1）觉得社会本来就是这样；（2）感到愤慨。37，38

20. 车内挂有禁烟的标志，而有人在吸烟，这时你会（1）非去告诉他不可；（2）装作没看见。39，40

21. 你努力做好许多事情，是为了（1）使自己更完善；（2）得到别人的表扬。41，42

22. 在没有人的道路上，捡到钱，这时你会（1）想收起来；（2）交到警察局。43，44

23. 有人向你说："为了交通事故的遗儿，请你捐一元钱可好。"你会（1）照他说的捐款；（2）不理睬地走过去。45，46

24. 国际赛中，裁判不公而引起观众骚动，这时你会（1）也想和人家一起发泄；（2）认为是应该生气，但不应暴力。47，48

25. 整理书柜，看到没用完的笔记，这时你会（1）认为没有用，把它丢掉；（2）留下来以后还可以用。49，50

26. 车中有人正激烈谈论"人生应如何生活……"你会（1）认为与我无关，不去听它；（2）认真听听他们说些什么。51，52

评分与解释

1．分数统计：

分数统计方法如下：

（1）将问卷中中选的题号与下表相对照，在中选题数一栏填入每种类型（踏实型，从众型，功利型，冷漠型）的总数。

（2）将中选题数与分值相乘，得到项目总分。例如，某同学在"从众型"一栏选中7，13，27。那么中选题数为3，项目总分为7．5。

（3）项目总分中得分最高的类型，就是你的价值观类型。

类型	踏实型	从众型	功利型	冷漠型
题号	1，3，6，8，9，14，15，17，20，22，24，25，28，30，32，34，38，41，44，45，48，50，52	7，12，13，21，27，31，36，39，47	4，10，19，29，37，42，43，49	2，5，11，16，18，23，26，33，35，40，46，51
每型分值	1	2.5	3.5	2
中选题数				
项目部分				

2．结果分析：青年人的价值观念主要表现在两方面：（1）遵从或非遵从社会规范；（2）自我或他人导向。由这个角度，我们

可以划分出四种价值观念类型。

踏实型：顺从社会规范，积极为社会服务，另一方面，有自己和内控的自我导向表现，重视传统和社会评价。

从众型：相当顺从社会规范，但这种顺从是一种他人导向的随波逐流，也有一种享乐主义、及时行乐的倾向，顺其自然，生活方式倾向于保守。

功利型：一种以自我为中心的功利主义，对于道义及人情这类价值不甚注意，认为金钱至关重要，追求个人利益，而不是公益。

冷漠型：不在乎社会规范，回避人际交往，也不注意他人的价值取向，所持态度是"人不犯我，我不犯人"。

训练指导

教育目的

1. 使学生了解价值观的含义及其重要性。
2. 培养学生形成正确的、有益的价值观。

主题分析

价值观是人利用衡量事物好坏利弊的准则，指导和调控着人们的行为。中学生时期正是价值观形成并逐渐趋于稳定的时期。因而，教师对中学生，尤其是高中生进行价值观方面的教育是非常重要的，教师不仅要使学生了解价值观的基本内容，更重要的是使学生形成正确的价值观，以便他们健康地成长。价值观是一个较笼统的概念，对中学生进行价值观教育和培养，更多的要在生活中和学习中进行，这是一个长期的过程。

训练方法

案例分析法；测验法。

训练建议

1. 价值观内容很宽泛，教师必须抓住具体内容进行，比如：人生目标、对实践的看法、对真善美和假恶丑的评判标准。

2. 教师结合生活中的案例，让学生发表自己的观点和看法并不断地给予指导。比如：有些人不顾个人安危抢救危难中的人们，他们是高尚的，值得学习呢？还是太傻了？

3. 教师要突出强调形成良好价值观的重要意义。

将来的我

情感共鸣

每个人都有自己的理想，当然我也不例外。将来的我，能做什么呢？小时候，在我那小小的百宝箱中，也装着五彩缤纷的理想。今天我就打开我的百宝箱，把里面的宝贝一一拿给你看。

很小的时候，我就有了我的第一个理想。当一名女警察。小时候的理想现在想起来既可笑又幼稚。当时的我其实是喜欢上了女警察们漂亮的警服，和她们站在马路中央指挥交通时的飒爽英姿。可是不久，我的理想就发生了改变，因为我逐渐了解了当一名女警察的辛苦与困难。

于是，当一名画家成了我的第二个理想。从小我就对绘画很敏感，很喜欢画画，经常自己画出一些"大作"，然后拿给爸爸妈妈看。爸爸妈妈得知了我喜欢画画，马上就给我报了美术班。可

能是因为小孩子贪玩儿的天性。上了美术班后的我变得不怎么喜欢画画了。甚至上美术课时逃跑去和同学玩儿。就这样，我的第二个理想便又化为泡影。

直到我有了第三个理想时，我已经上了小学4年级。那时的理想是当一名老师。从小到大我接触过好多好多老师，有年龄大的、资历老的；也有年轻的、经验少的。但不管他们是什么样的老师，教哪一门学科，我都非常喜欢他们。将来也想像他们一样站在高高的讲台上给我的学生们授课。

如今我已经是一个中学生了，已不是一个什么都不懂的小孩子；现今的我，对一些事已经有了自己独到的见解和想法。现在我的理想是——做一个对社会有贡献的人。或许你会说，这并不算是什么理想。但是在这漫长的学习生涯中，我不敢肯定我的理想会不会再改变。但是我敢肯定的是，我始终不变的，就是要做一个对社会、对全人类有贡献的人。

现在有不少学生经常高谈阔论自己的远大理想和抱负。但往往没有做好身边一些应该做好的小事。甚至对一些基本的社会公德都没有做到。我们要实现自己的理想，就要从身边的小事做起，从自身做起，不能有着"不以善小而不为，不以恶小而为之。"的想法。要脚踏实地地为自己的理想奠定基础，最终才能实现它。

可能你的理想多如繁星，可能你的理想永世不变，但是不管我长大要做什么职业，做什么工作，对自己的要求唯有一条永远不会改变，那就是，要从小事做起，从自身做起。做一个对社会和全人类有贡献的人！

认知理解

理想是人生的奋斗目标，是人们对客观事物（社会、人生）发展的现实可能性的反映，是人们在把握了现实的必然规律的基础上，对事物未来发展趋向与结果的描绘和追求。理想是指向未来的。理想不是幻想、空想，是有实现可能的。

　　理想作为一种社会意识形态，它既不是从天上掉下来的，也不是人生出世所带来的而是社会存在的反应，是从社会实践中产生的，又在社会实践中不断得到检验和发展规律，经过奋斗是能够实现的想象和目标，这种想象和目标在现实和社会中能够找到科学依据。幻想是一种与生活愿望相结合并指向未来的想象。它与现实有一定的距离，但在将来有较大实现的可能性。如"嫦娥奔月"的故事，在当时不是现实，但随着科学的发展，火箭已经把人类送上了月球，阿姆斯特朗还在月球上留下脚印，从而使"嫦娥奔月"的幻想变成了现实。因此，幻想反映了人们的愿望，但离现实较远，不表现为确定的努力追求的目标。空想则不同，空想虽然也是人们对未来的一种想象，也反映出一定的追求和目标，但它是缺乏客观根据的随心所欲的一种想象，是违背社会发展规律的，是不能实现的。例如：以欧文、圣西门等人为代表的社会主义思想，之所以称之为"空想社会主义"。

　　由此可见，理想、幻想、空想虽在形式上都具有主观性，但它们内容却不同。理想的内容是客观的，幻想的内容是对客观的超越，而空想的内容是主观的。中学生应该懂得树立远大理想，可以有幻想，但绝对不能有空想。

　　理想是人生力量的源泉。理想来源于现实，又高于现实，比现实更美好，理想作为人生实现的崇高目标，它是人的认识预见、立志、感情、毅力等因素的综合表现，它蕴藏着强烈的意志力量。

高尔基说过："一个人追求的目标越高，他的才力就发展得越快，对社会就越有益"。就是说：人只要确立正确的目标，就会产生为目标而拼搏的动力，历史上，凡是为人类进步事业作出过贡献的人，无一不是受崇高理想所鼓舞、激励。理想是前进的动力。有志青少年不仅要有理想，而且要有科学理想。只有科学的、崇高的理想，才能成就事业，推动社会进步。青少年学生只有树立了远大理想，才能在人生旅途中不畏艰难险阻，才能以乐观、积极的态度面对人生，为实现理想而奋斗，为社会做出自己的贡献。

操作训练

1. 召开主题班会，与学生们畅谈"长大以后……"。让学生们以"将来的我"为题，画几幅画，从中选出最有意义的一幅张贴在家中显眼之处。

2. 由画引导学生：要成为"理想的我"，现在就要努力学习，每段时间给自己定一个努力的目标。

3. 以"将来的我"为题，写命题作文，并将自己的奋斗方向牢牢记在心中，朝着自己的目标努力。

4. 多看名人专著，了解他们的生活和学习，增加见识，扩宽视野。

5. 背诵下面的一首诗，并努力在实践生活中指导自己。

　　　　望　岳

　　　　唐　杜甫

岱宗夫如何，齐鲁青未了。

造化钟神秀，阴阳割昏晓。

荡胸生层云，决眦入归鸟。

会当凌绝顶，一览众山小。

教育目的

1. 让学生明确自己的奋斗方向，增强学习动机和生活热情。

2. 让学生分清什么是理想？什么是幻想？什么是空想？理想应与实际相结合。

3. 让学生懂得要不断发展自己，完善自己；学习用"目标调控法"优化自己。

主题分析

理想和信念是一个人的精神支柱和动力源泉。远大的理想、崇高的信念能点燃人生的激情，激发人们的才智，激励人们奋发向上。古今中外，凡是为人类进步事业作出杰出贡献的人，无不具有远大的理想、崇高的信念。青年时期，是播种理想、确立信念的黄金时期，是规划未来、设计人生的关键阶段。确立怎样的理想和信念，直接关系到青年学生度过什么样的人生，结合中学生的心理特点，对他们进行理想和信念的教育，有利日后的成长及成才。

培根说："有理想的人生活总是火热的。"是啊，有理想的人才能临危不惧，越挫越勇。理想对于中学生尤为重要，这是在培养其自我管理，自我学习的能力，我们必须拥有一份信念，拥有一份持之以恒的理想，并为之努力奋斗。知识改变命运，理想创造辉煌。

训练方法

认知提高；榜样引导。

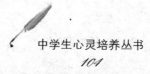

训练建议

1．开主题班会，组织学生探讨理想的含义、作用及实现方式。

2．教师引导，以名人、伟人事迹为依托，启发学生反思。

3．确立奋斗目标，师生共同努力完成。

4．教师总结，激励学生努力学习，展望美好未来。

做有恒心的人

情感共鸣

　　木成林，可蔽天日；水成海，可孕万物。物贵在有恒，人更是如此，故而做人要有恒心。

　　回首，古代名贤是有恒心的。

　　这恒心便是刘备的"三顾茅庐"。倘若没恒心，卧龙先生仍将卧于山中，绝不可能助他成就蜀国的盛状，更不可能使他谱写三国鼎立的篇章。正是刘备的这颗恒心，才使他成为一代名贤，蜀国的国君！

　　展望，近代凡有大成就者必有恒心。

　　这恒心便是爱迪生的发明，他一生为人类提供了约二千项大小发明。他成功的秘诀就是"恒心"。为了寻找灯泡内的耐热材料，他先后试用了大约六千种纤维材料，最后找到钨丝，花了20

年时间。若没有恒心，他完全可以浅尝辄止地将仅可以点亮1200个小时的竹丝灯传承下来，可他没有。正是因为他有恒心，才能使自己同钨丝灯一样发光发亮，而这一成就同样归功于恒心。

恒心是朝着心中的方向前进的动力，恒心是不为外物所扰，潜心向学的高贵品质，恒心更是不屈不挠的信念！

居里夫人有言："我们应有恒心！"

毛泽东说过："贵有恒何必三更起五更眠，最无益只怕一日曝十日寒。"

然而"守株待兔"不是恒心而是愚昧，"南辕北辙"不应有恒心而应及时悔改。恒心是毅力而不是固执，恒心是持之以恒的毅力，坚决达到目的的决心，是持久不变的意志，是善良本心！

古代名贤有恒心乃成大业，近代有恒心者青史留名，名人领袖皆有恒心，可见做人要有恒心。

认知理解

恒心指持之以恒的毅力，坚持达到目的或执行某项计划的决心。德国诗人席勒说："只有恒心可以使你达到目的"。事实证明，一个人在确定了奋斗目标以后，若能持之以恒，始终如一地为实现目标而奋斗，目标就可以达到，世上无数的成功者就是明证。

被称为"短篇小说之王"的法国19世纪作家莫泊桑，到30岁时，他的作品却一篇没有发表。他开始丧失信心，不再练习写作，想改行经商。他姐姐批评他缺乏恒心，并建议他去拜访比他年长29岁的福楼拜。福楼拜当时是享誉文坛的大作家，他和蔼地接待了来访的莫泊桑，把莫泊桑让进书斋，指着自己的作品说：当初我也跟你一样灰心过，动摇过，但最后还是坚持下来了，重要的是要有信心，恒心。回家后，莫泊桑继续埋头练习，勤作不辍，不久就发表了自己的处女作《羊脂球》，从此便一发而不可收了。他一生写了三百多篇短篇小说，6部长篇小说，3部游记以及许多关于文学和时政的评论文章。

古代地理学家徐霞客，为了探讨祖国的山川风貌，从22岁起，走出书斋，从事实地考察。徐霞客一生野外考察34年，曾三次遇险、四次断粮。他战胜各种艰难险阻，写成了驰名中外的《徐霞客游记》。

唐朝大诗人李白，小时候不喜欢读书。一天，趁老师不在屋，悄悄溜出门去玩儿。他来到山下小河边，见一位老婆婆，在石头上磨一根铁杵。李白很纳闷，上前问："老婆婆，您磨铁杵做什么?"老婆婆说："我在磨针。"李白吃惊地问："哎呀！铁杵这么粗大，怎么能磨成针呢?"老婆婆笑呵呵地说："只要天天磨铁杵总能越磨越细，还怕磨不成针吗?"聪明的李白听后，想到自己，心中惭愧，转身跑回了书屋。从此，他牢记"只要功夫深，铁杵磨成针"的道理，发奋读书。

操作训练

1. 有关恒心的名言

万事从来贵有恒。

在坏事上的固执在好事上则是持之以恒。

不断去收获，不断去追求，永远学习苦干和等待。

人生有所贵，所贵有始终。

锲而舍之，朽木不折，锲而不舍，金石可镂。

不积跬步，无以至千里；不积小流，无以成江海。

人生以精神贯注而立，大事以一线到底而成。

骐骥一跃，不能十步；驽马十驾，功在不舍。

贵有恒，何必三更起五更眠。最无益，只怕一日曝十日寒。

2．根据学生的兴趣与长处，根据家庭条件，选择一项活动，让孩子持之以恒地进行练习。

例如，写毛笔字，每天半小时，持之以恒，从不间断；学拉二胡，每天半小时，持之以恒从不间断；给花草浇水，每天10分钟，持之以恒，从不间断。

注意：重点不是放在学生技能的进步上，而是培养孩子的毅力。

3．持之以恒小游戏：小猫钓鱼

用一些零散的小鞭炮（或小铁屑、小钩针等等），在一根长竹竿的顶端系上细线，线的顶端拴着一支点燃的香（或小磁铁等等）。让学生用竹竿钓"鱼"，使香点燃鞭炮，使小磁铁吸上铁屑、钩针等等。

经常做此类游戏，每次变换不同的"钓具"和"鱼"，以吸引学生的兴趣，锻炼学生做事的持久性，好习惯的养成。

训 练 指 导

教育目的

1．培养学生持之以恒的良好心理品质。

2．教育学生恒心可以创造奇迹。从来没有在成功的道路上的便捷小径，只有自己披荆斩棘，坚持不懈，开辟一条属于自己的探索之路。

3．让学生明白天道酬勤的道理，做一个有恒心的人。持之以恒才能实现目标。

主题分析

人在生活中要确立自己的奋斗目标，人为实现这个目标必须具有坚韧不拔的意志。最关键的还是要有恒心。恒心是指要具有持久不变的意志，为达到目的而坚持下去的决心。对于中学生而言，正处在人生观、价值观趋于稳定的时期，这时期也正是恒心教育的关键期，毅力的强弱不同，收到的结果自然不同，结合中学生的心理特点——激情有余而稳定不足，缺乏耐力，故对其进行恒心教育，有利其日后成才。

训练方法

故事引导法；行动训练法。

训练建议

1．教师和学生一起对某一关于恒心的故事展开讨论，从而提高学生们对恒心重要性的认识。

2．教师引导，以名人、伟人事迹为依托，启发学生反思。

3．让学生结合自己的实际生活，开展一、两个"恒心训练"活动，以促使好习惯的养成。

4．师生共同做"恒心训练"小游戏，从而增强同学们的兴趣。

交往心理

情感共鸣

有一家老式旅馆，餐厅很窄小，里面只有一张餐桌，所有就餐的客人都坐在一起，彼此陌生，都觉得不知所措。突然，一位先生拿起放在面前的盐罐，微笑着递给右边的女士："我觉得青豆有点淡，您或者右边的客人需要盐吗？"女士愣了一下，但马上露出笑容，向他轻声道谢。她给自己的青豆加完盐后，便把盐罐传给了下一位客人。不知什么时候，胡椒罐和糖罐也加入了"公关"行列，餐厅里的气氛渐渐活跃起来，饭还没吃完，全桌人已经像朋友一样谈笑风生了，他们中间的冰块被一只盐罐轻而易举地打破了。第二天分手的时候，他们热情地互相道别，这时，有人说："其实昨天的青豆一点也不淡。"大家会心地笑了。

有人曾感慨人与人之间的隔膜太厚，这隔膜其实也很脆弱，

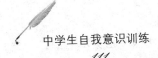

问题是敢于先打破它的人太少。只要每人都迈出一小步，就会发现，一个微笑，一句问候，就会化解这层隔膜，人与人之间交往的意义就在于此。

认知理解

所谓人际关系，是指人们在各种具体的社会领域中，通过人与人之间的交往建立起心理上的联系，它反映在群体活动中，人们相互之间的情感距离和相亲密的人际关系都属于良好的人际关系，对于一个人的工作、生活和学习是有益的；相反，消极、敌对的人际关系则是不良的人际，对一个人的工作、生活和学习是有害的。

社会心理学的调查研究表明，良好的人际关系是一个人心理正常发展，个性保持健康和生活具有幸福感的重要条件之一。古语云："天时不如地利，地利不如人和"。对于正处于青春期的中学生来说，无论在什么情况下都应重视"人和"这个重要因素。美国著名教育家戴尔·卡耐基经过大量的研究发现说："一个人事业上的成功，只有百分之十一是由于他的专业之八十要靠人际关系、处世技巧。"此话也许说得绝对些，但也从另一侧面说明良好人际关系对成就事业的重要性。所以中学生学会建立良好人际关系的方法，掌握其途径，无论是对在校建立起一个良好的学习环境，还是对成年以后的发展，都是十分必要的。

操作训练

1. 我们可以用参加团体活动的方式来操练人际交往能力：

第一阶段，滚雪球——相互认识

学生开始在教室里自由走动，遇到同学就停下来，微笑握手，然后继续走动，尽可能与每位同学握手。自由走动约4分钟后，每位同学对面的人就成为他今天的朋友，两人互相介绍。接着四人为一组，最后合并成八人小组，连环介绍，每人用一句话介绍自己。话中必须包括姓名、个人特征、家乡。如第一位说"我是来自北京海淀的性格内向的王涛"，下位则说"我是来自北京海淀的性格内向的王涛旁边的来自北京丰台的活泼的刘静"。以此类推，每个人都必须从第一位说起。介绍完毕，各小组推荐一个代表，把全组成员向全班一一介绍。同学们一方面看到了自己的人际交往潜力；另一方面团体向心力开始出现并不断增强。

第二阶段，盲人旅行——真诚待人、相互信任

介绍完毕后，让全体同学站成一圈，按"1、2"依次报数。报"1"（或报"2"）的同学向前一步，同时，要求全体同学从此刻起保持绝对安静。内圈的同学扮盲人，用布条、眼罩或其他物品蒙住眼睛，然后原地转三圈。"盲人"体会此时感受，然后由剩下的扮演"向导"的同学每人任选一位"盲人"，带领他走出教室去"旅行"，但二人不能有任何言语交流。约十分钟后回到教室，摘下眼罩，二人充分交流各自感受约3分钟。然后，互换角色，而且也要换同伴，重复之前的活动。

活动完毕，班主任带领大家讨论以下几个方面：

（1）蒙上眼睛后有什么感受？你想到了什么？

（2）你对你的"向导"满意吗？为什么？你对自己或他人有什么新发现？

（3）作为"向导"，你是怎样理解你的伙伴的？你是怎样设法帮助他的？这使你想起什么？

班主任总结：此次活动的目的在于促进同学间的信任，只有自己先做出使对方信任的行为才能相互信任。在交流中，只有不断调整、多体会、多反馈，沟通才能顺利。

2．交往能力自我测试

本试卷测量你的交际能力，请仔细阅读下列各题，选择一个你认为最符合的答案，并将所选答案写在题后的括号内。

开始测试：

（1）出门旅行度假时，你：

A．通常很容易就交到朋友　　　B．喜欢一个人消磨时间

C．内心非常希望结交朋友，虽然不是很成功，但我仍然勇于实践

（2）和一个同事约好了一起去跳舞，但下班后你感到很疲惫，这时同事已回去换衣服，你：

A．决定不赴约了，希望同事谅解

B．仍去赴约，尽量显得情绪高涨，热情活泼

C．去赴约，但询问如果你早些回家，同事是否会介意

（3）你与朋友的交往能保持多久：

A．大多是天长地久型

B．长短都有，志趣相投者通常较长久

C．弃旧交新是常有的事

（4）结交一位朋友，你通常是：

A．由熟人的介绍开始　　　B．通过某特定场合的接触开始

C．经过考验而决定交往

（5）你的朋友，首先应：

A．能使人快乐轻松　　　B．诚实可靠，值得信赖

C．对我很欣赏，关心我

（6）你和人们交往中的表现是什么样的：

A．我走到哪儿，就把笑声带到哪儿

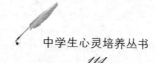

B．我使人沉思，能给人带去智慧

C．和我在一起，人们总是感到随意自在

（7）别人邀你出游或表演一个节目，你往往：

A．借故委婉推脱　　　　B．兴致勃勃地欣然允诺

C．断然拒绝

（8）与朋友相处，你通常的情形是：

A．倾向于赞扬他们的优点

B．以诚为原则，有错就指出来

C．不吹捧奉承，也不苛刻指责

（9）如果别人对你很依赖，你的感觉是：

A．我不太在意，但如果他们有一定的独立性就更好了

B．我喜欢被依赖　　　C．避之唯恐不及

（10）来到一个新的环境，对那些陌生人的名字和他们的特点，你：

A．常能很快地记住　　　B．想记住，但不太成功

C．不在意这些东西

（11）对你来说，与人结交的主要目的是：

A．使自己生活得热闹愉快

B．希望被人喜欢

C．想让他们帮你解决你应付不了的问题

（12）对身边的异性，你：

A．只在必要的情况下才去接近他们

B．与他们互不来往　　　C．乐于接近他们，彼此相处愉快

（13）朋友或同事劝阻或批评你时，你总是：

A．非常勉强地接受　　　B．断然否决

中学生自我意识训练

C. 愉快地接受了

（14）在编织你的人际关系网时，被考虑的人选一般是：

A. 上司及有钱有权有势的人　　B. 诚实且心地善良的人

C. 社会地位和自己差不多的人

（15）对那些精神或物质上帮助过你的人，你：

A. 铭记在心，永世不忘

B. 认为是朋友间应该做的，不必牵挂在心

C. 时过境迁，随风而逝吧

分析评价：

得分在15—29分，你非常善于交际，人生经验丰富，你凡事处理得当，合乎情理，很有艺术；但又不八面玲珑，圆滑逢迎。你无论走到哪里，笑脸和友善总伴随在你的周围。

得分在30—57分，你会有不少相处得不错的朋友。但处于各种原因，其中真正能与你推心置腹的知己却不多，似乎你们之间总有隔阂，你应该找找原因所在。

得分在58—75分，你的交际能力较差，人生经验不够丰富，你常独行于众人之外，一副高傲、拒人千里之外的架势。这样的你很难成功，希望你多发觉到别人的优点，努力做一个合群的人。

训练指导

教育目的

1. 理解并读懂人际交往心理学理论；加强人际交往能力。

2. 增加学生对自我的觉察。

3. 提供机会使学生重新认识自己、悦纳自我、发展自我。

4. 帮助学生学会欣赏他人、关心他人、信任他人，正确处理

与他人的关系。

5. 增进彼此认识，促进相互信任。

主题分析

人际交往是指一种有意义的互动历程，即人与人之间的信息交流。人与人双方在沟通历程中表现的是一种互动，对在沟通的过程当时以及沟通之后所产生的意义都负有责任。交往教育主要是强调提高沟通技能，包括听、说、写的能力，团队合作能力，逻辑推理、解决问题以及组织、活动、领导能力。

现在高中生中很多人存在人际沟通障碍。大多数的学生在人际交往方面存在沟通困难。造成这一现象的原因与中、小学期间学生基本上没有接受过人际交往训练有关，与家庭教育和传统文化的影响有关。

良好的人际交往可以提高学生的综合素质。人际交往能力的提高可以使学生在同伴中更受尊重，更容易获得快乐感。学生通过与家长、教师的沟通，获得更多的教益，通过对他人优点的赞赏，潜移默化地改变、提高自身的素质。因此青少年学生应多参加人际交往训练。

训练方法

行动训练法；游戏活动法。

训练建议

1. 学生应当多参加团体活动，增大人际交往圈。

2. 教师列举出生活中的各种场景，让学生思考如何进行人际沟通。

3. 学生进行"滚雪球"和"盲人旅行"游戏活动，以使他们更加认知自己的人际交往能力，同时也能提高人际沟通能力。

我的EQ我做主

情感共鸣

一天晚上，小男孩亚瑟看电视里的西部片看入了迷，不肯睡觉。妈妈站在门口说："不行，太晚了，去睡觉！""不要！"亚瑟生气了。妈妈说："你要生气就生气好了。"

亚瑟真的生气了。

亚瑟一生气，房间里电闪雷鸣，下起了冰雹。妈妈说："够了够了"，可亚瑟还在生气。

亚瑟一生气街道上刮起了风暴，把屋顶、烟囱和教堂的尖顶都吹走了。爸爸说："够了够了"，可亚瑟还在生气。

亚瑟一生气，房间里电闪雷鸣，下起了冰雹。妈妈说："够了够了"，可亚瑟还在生气。

亚瑟一生气，台风来了，把整个城市扫进了大海里。爷爷说：

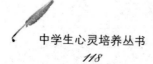

"够了够了"，可亚瑟还在生气。

亚瑟一生气，地球嘎吱嘎吱地裂开了一条缝，像蛋壳一样。奶奶说："够了够了"，可亚瑟还在生气。

生气的亚瑟让宇宙都抖了起来，地球、月亮，还有恒星和行星。

亚瑟的国家、亚瑟的城市、街道、房子、院子、房间都只剩下了小小的碎片，在太空飘浮。

亚瑟坐在火星的碎片上，想了又想：我为什么这样生气呢？他一点也想不起来了。

你呢？

认知理解

情绪是身体对行为成功的可能性乃至必然性，在生理反应上的评价和体验，包括喜、怒、忧、思、悲、恐、惊七种。行为在身体动作上表现得越强就说明其情绪越强，如喜会是手舞足蹈、怒会是咬牙切齿、忧会是茶饭不思、悲会是痛心疾首等等就是情绪在身体动作上的反应。情绪是信心这一整体中的一部分，它与信心中的外向认知、外在意识具有协调一致性，是信心在生理上一种暂时的较剧烈的生理评价和体验。

消极的爆发性情绪事前都有一定的征兆，由活泼开朗突然沉默寡言，由温柔文静突然狂言乱语，出现暴饮暴食，焚书毁物等行为变态，便应引起高度警觉，要采取有效方法，或劝慰，或解释，进行控制。当学生产生了强烈消极情绪，劝说无效，处于爆发状态时，则采取强制措施，如严厉批评，采取必要的行政措施等；控制情绪，防止恶性事件的发生。

当难于驾驭情绪的时候，自我激励是十分必要的。自我激励在人的生活中起着重要的作用。为了达到学习、工作和生活中所追求的目标，就必须克服心理压力，掌握自我调节机制的形式，但需记住自我调节的关键在于自身因素。外因通过内因而起作用，一个人的提高与发展是在自我认识与自我作用中产生的。

操作训练

1. 中学生情绪管理调查问卷

（1）您觉得自信吗？

A. 非常自信　　　B. 自信　　　C. 有时不太自信

D. 不自信　　　　E. 常常感到自卑

（2）上中学后，您觉得您最大的挫折是什么？

A. 成绩不理想　　　　　　B. 不适应集体生活

C. 好朋友对自己的背弃　　　D. 家庭变故

E. 其他

（3）您是否会在不良情绪的影响下耽误其他事？

A. 是　　　　　　B. 不是　　　　　　C. 偶尔吧

（4）当在班级评选中落选，心态是

A. 异常气愤、伤心　　B. 有点失落　　C. 无所谓

（5）遇到困难或烦恼时，您会

A. 在心里憋着　　　　B. 向同学诉说

C. 告诉老师　　　　　D. 向父母说

（6）最近快乐吗？

A. 是　　　　　　B. 否　　　　　　C. 不知道

（7）我感到学习负担很重

A. 无　　　B. 偶尔　　C. 时有　　D. 经常　　E. 总是

（8）您是否有过绝望的感觉

A.无　B.偶尔　　　C.时有　　　D.经常　　　E.总是

（9）同学考试成绩比我高，我感到难过

A.无　B.偶尔　　　C.经常　　　D.总是

（10）我可以控制自己的情绪

A.是　B.不是　　　C.有时

（11）当你碰上心情烦躁时，你的处理方法是

A．找要好的同学或朋友说话　　　B．自己生闷气

C．到外面走走散散心　　　D．找理由把气发泄在别人头上

（12）如果考试失利，你会

A．情绪波动很大　　　B．和以前一样

C．更加努力　　　D．认为自己很无能

（13）你会为生活中的小趣事开怀大笑吗？

A．会　　　B．不会　　　C．有时

（14）你觉得你生活中笑的多还是哭得多？

A．笑　　　B．哭　　　C．差不多

2．发给每位学生一张"情绪集合表"上面含有各类情绪，要求学生进行归类，同时也进行一定的思考，找出自己经常出现的情绪。

安静　喜悦　愤怒　悲痛　忧愁　烦闷　恐惧

惊骇　恭敬　抚爱　憎恶　嫉妒　贪欲　嫉妒

惭愧　傲慢　耻辱　心奋　狂喜　警惕

训练指导

教育目的

1. 帮助学生合理认识自身情绪，能够对各类情绪做出合理归

因，同时也能够合理选择各种宣泄方式。

2. 正确辨别积极情绪和消极情绪。

3. 帮助学生认清自己的情绪，学会接受。

主题分析

不良情绪具有排他性，导致思路狭窄，心事重重。一个人越往忧愁方面想就越忧愁。当学生遇到了困难、挫折，产生了不良情绪，可以用移情的方法，帮助学生实现情绪转移。一是转移环境。如因学生紧张产生郁闷心情时，最好让他们去户外散散心，谈谈心里话，这样做有助于心灵窗扉的开启；二是转移注意力。例如当学生因同学关系而苦恼时，不妨给学生讲讲幽默的故事，做做游戏，把学生的注意力转移到愉快的活动上来，从而减轻或消除苦恼而产生的心理压力；三是事件转移。当学生考试失利，情绪低落时，则可组织参加文体竞赛，让他们露一手，以得到心理上的补偿。

训练方法

问卷调查；讨论；游戏活动法。

训练建议

1. 组织演讲会，以"我的EQ我做主"为主题进行讨论。

2. 常做自我宣泄：

（1）教师带领学生爬山，带领同学们对着空旷的山谷进行呐喊。

（2）放松后，引导同学们就此时此地的情绪体验进行讨论。

（3）教师总结，让同学们意识到呐喊的好处。

扬起自信的风帆

情感共鸣

2001 年 5 月 20 日，美国一位名叫乔治·赫伯特的推销员，成功地把一把斧子推销给了小布什总统。布鲁金斯学会得知这一消息，把一只刻有"最伟大推销员"的金靴子赠予了他。这是自1975 年以来，该学会的一名学员成功地把一台微型录音机卖给了尼克松后，又一学员跨过如此高的门槛。

布鲁金斯学会创建于 1927 年，以培养世界上最杰出的推销员著称于世。它有一个传统，在每期学员毕业时，都设计一道最能体现推销员能力的实习题，让学生去完成。克林顿当政期间，他们出了这么一个题目：请把一条三角裤推销给现任总统。八年间，有无数个学员为此绞尽脑汁，最后都无功而返。克林顿卸任后，布鲁金斯学会把题目换成：请将一把斧子推销给小布什总统。

鉴于前八年的失败与教训，许多学员知难而退。个别学员甚至认为，这道毕业实习题会和克林顿当政时一样毫无结果，因为现在的总统什么都不缺，即使缺什么，也用不着他们亲自购买；再退一步说，即使他们亲自购买，也不一定正赶上你去推销的时候。然而，乔治·赫伯特却做到了，并且没有花多少工夫。一位记者在采访他的时候，他是这样说的：我认为，把一把斧子推销给小布什总统是完全可能的，因为小布什总统在得克萨斯州有一座农场，那里长着许多树。于是我给他写了一封信，说，有一次，我有幸参观您的农场，发现那里长着许多矢菊树，有些已经死掉，木质已变得松软。我想，您一定需要一把小斧头，但是从您现在的体质来看，这种小斧头显然太轻，因此您仍然需要一把锋利的老斧头。现在我这儿正好有一把这样的斧头，它是我祖父留给我的，很适合砍伐枯树。倘您若有兴趣的话，请按这封信所留的信箱，给予回复……最后他就给我汇来了15美元。乔治·赫伯特成功后，布鲁金斯学会在表彰他的时候说：金靴子奖已设置了26年。26年间，布鲁金斯学会培养了数以万计的推销员，造就了数以百计的百万富翁，这只金靴子之所以没有授予他们，是因为我们一直想寻找这么一个人——这个人从不因有人说某一目标不能实现而放弃，从不因某件事情难以办到而失去自信。

乔治·赫伯特取得成功的原因是什么？在我们的身边还有没有这样的事例？

认知理解

在布鲁金斯学会的网站上，有这样一句格言：不是因为有些事情难以做到，我们才失去自信；而是因为我们失去了自信，有些事情才显得难以做到。由此可以证明，自信心的重要性。

什么是自信呢？自信又叫自信心，是相信自己有能力实现自己愿望的心理，是对自己力量的充分肯定。而在心理学中，与自信心最接近的是班杜拉在社会学习理论中提出的自我效能感的概念。自我效能感指个体对自身成功应付特定情境的能力的估价。班杜拉认为，自我效能感关心的不是某人具有什么技能，而是个体用其拥有的技能能够做些什么。

班杜拉认为，在某一情境下，决定自我效能感的四个主要因素：

1. 行为成就：效能期望主要取决于过去发生了什么；以前的成功导致高的效能期望，而以前的失败导致低的效能期望。

2. 替代经验：观察他人的成败，可以对自我效能感产生与自己的成败相似的影响，但作用小一些。

3. 言语劝说：当你尊敬的人强烈认为你有能力成功的应付某一情境时，自我效能感可以提高。

4. 情感唤起：高水平的唤起可导致人们经历焦虑与紧张，并降低自我效能感。

自信，是个人对自己所作各种准备的感性评估。自信能促进成功。相信自己行，是一种信念。自信不能停留在想象上。要成为自信者，就要像自信者一样去行动。我们在生活中自信地讲了话，自信地做了事，我们的自信就能真正确立起来。面对社会环境，我们每一个自信的表情、自信的手势、自信的言语都能真正在心理中培养起我们的自信。

操作训练

1. 培养自信心的方法：

（1）善于发现自己的长处。

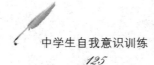

（2）给自己一个微笑。

（3）学会积极的自我暗示。

（4）学会自我激励。

（5）感受别人的欣赏。

（6）成功的体验。

（7）充实自我，提高自身素质。

2．中学生自信心问卷调查

（1）快期中考试了，你对自己的复习计划满意吗？

A．很满意　　　　　B．还可以　　　　　C．不太好

（2）进入高中，面对紧张的学习生活，你会勉励自己吗？

A．经常　　　　　　B．偶尔　　　　　　C．从不

（3）你给自己定的学习目标有困难时，你会

A．继续努力　　　　B．缩小目标　　　　C．完全放弃

（4）看到一道难题时，你会怎么做？

A．自己独立思考　　B．参照答案　　　　C．置之不理

（5）你是否觉得自己优点很少？

A．从不　　　　　　B．偶尔　　　　　　C．总是这样

（6）你对自己的未来有什么想法吗？

A．会很美好　　　　B．一般　　　　　　C．没想过

（7）走路时，你是否把头抬得很低？

A．从不　　　　　　B．偶尔　　　　　　C．总是这样

（8）你能合理得安排学习与娱乐时间吗？

A．可以　　　　　　B．有时　　　　　　C．完全不能

（9）想想自己，你脑海中出现的是关于自己的哪个方面？

A．优点　　　　　　B．缺点　　　　　　C．不太清楚

（10）为了迎合别人的意思，你会自认合理想法埋在心底吗？

A．绝不会　　　　B．偶尔　　　　C．经常这样

（11）当实力相当时，你敢和别人赌自己赢吗？

A．敢　　　　　　B．不敢　　　　C．没兴趣

（12）遇到你未知的事物，你是否会勇于尝试？

A．经常　　　　　B．有时　　　　C．从不

（13）一次考试失利会对你情绪造成影响吗？

A．几乎不会　　　B．会难过　　　C．情绪波动很大

（14）遇到比你地位高且你认识的人，你会怎么做？

A．主动打招呼　　B．假装不认识　C．绕道走

（15）迷路时，看到附近有人，你会怎么做？

A．跑过去礼貌求助　B．自己试着找方向　C．不知所措

（16）课堂上，你通常以哪种方式回答问题？

A．自己举手抢答　　B．老师点名后再回答

C．太丢人了，我才不答呢？

（17）当别人推举你担任某一职务时，你会怎么做？

A．拍胸脯答应，并努力做好

B．害怕做不好，于是委婉拒绝

C．随便怎么，到时候再说

（18）老师在公共场合及时纠正你的错误，你会怎么想？

A．老师挺关心我的，我要更加努力

B．老师没给我一点儿面子，我以后该怎么见同学

C．无所谓

（19）在一次才艺展示中，才艺出众的你刚好在场是否会借此机会表现一下自己？

中学生自我意识训练

A．当然　　　　　　B．犹豫不决　　　　　C．没兴趣

（20）考试结束了，老师让打电话问成绩，你会怎么做？

A．问一下心里踏实　　　　B．担心考得不好而犹豫不决

C．不打

3．自信心小游戏——激励小语赠同学

要求：为同学设计一个鼓舞人心的口头语，并写在卡片上。

如：（1）先相信自己，然后别人才会相信你。

（2）哪怕是最果断的人，只要他失去自信，也会变成懦夫。

现在开始游戏：互赠激励语。

同时欣赏歌曲《相信自己》。

训练指导

教育目的

1．通过活动，使学生能够认识自我，接纳自我，建立自信心，以健康心态面对人生，迎接挑战。

2．通过同学相互间的赞美，感受被他人认可的快乐，同时学会欣赏他人，接纳他人。

3．通过心理健康教育，帮助学生形成向上、乐观、充满自信等健康心理，以良好健康的最佳心理状态去学习和生活。

主题分析

罗伯特·安东尼曾经说过"将自己的每一条优点都列出来，用赞美的眼光去看它们，经常看，最好能背下来。通过集中注意于自己的优点，你将在心理上树立信心：你是一个有价值、有能力、与众不同的人。"

集中注意于优点和长处，对自己是一种积极暗示，有利于成

功。比如我们刚学会骑自行车时，如果看见路上有一块砖，常常会眼睛盯着砖，心里想着千万别撞上去，结果往往就会撞上去。但如果我们把目光投向砖头以外的路上，心里想着一定要骑到没有砖的路上，结果大多不会撞到砖上去。这就是消极暗示和积极暗示的不同作用，罗伯特·安东尼的这段话可以帮助我们在生活、学习和工作中学会积极暗示。

缺乏自信的人，常常忽略积极暗示的作用；缺乏自信的人，不可能有远大的目标和对未来的美好憧憬；缺乏自信的人，不可能在人生的道路上顽强拼搏、坚韧不拔；缺乏自信的人，不可能使自己的生命潜能得到充分的挖掘和释放；缺乏自信的人，不可能享受到由成功带来的体验；缺乏自信的人，不可能在生命流动的旋律中谱写出辉煌的乐章……唤醒孩子的自信，就是唤醒孩子生命中最美好的那部分人性；培植孩子的自信，就是培植孩子对人生理想的追求；呵护孩子的自信，就是呵护孩子的意志和毅力；激励孩子的自信，就是激励孩子焕发生命的活力和潜能。因此，培养学生的自信心是青少年成长中一个非常重要的环节。

训练方法

问卷调查法；榜样引导法；小组讨论法。

训练建议

1. 以《相信自己》为主题，召开主题班会，班会结束后，在以《相信自己》为题，写一篇日记。

2. 让学生多读有关自信心的文章，向学生讲述自信心在人的成长中所起的重要作用，引起学生情感上的共鸣，并激发他们思考。

我的行为习惯

情感共鸣

有一段时期，盖蒂抽烟抽得很凶。一天，他去法国度假的途中，在一个小旅馆投宿。晚上下起了大雨，地面特别泥泞，开了好几个钟头的车之后，盖蒂实在是累极了。吃过晚饭，他就回到自己的房间里，睡着了。但是清晨时分盖蒂突然醒了过来，他很想抽支烟，于是他就打开了灯，很自然的伸手去摸他一般都会放在床头的烟，但是没有。他下了床，到衣服的口袋里去找，也没有。于是他又在行李袋里找，结果他又一次失望了。他知道这个时候很多地方早就关门了。他想，这个时候把旅馆的门房叫过来，实在是不可能。现在他唯一能得到香烟的方法就是穿好衣服，到火车站去，但是那还在6条街之外呢。

看来情形并不乐观，外面还下着雨。他的汽车也停在离旅馆

还有一段距离的车房里。而且,在他住店的时候,别人也提醒过他了。车房的门是午夜关,第二天早上6点才开门,现在能叫到出租车的概率也相当于零。

显然,要是他真的迫切地需要一支烟,那么他只能在雨里走到黑暗中。抽烟的欲望不断地折磨着他。于是,他下了床,脱下睡衣,穿好衣服,准备出去。正在他伸手拿雨衣的时候,他突然笑了起来,笑自己傻。他突然觉得,自己的行为多荒唐可笑。

盖蒂站在那里,心里不停地想着,一个所谓的知识分子,一个商人,一个认为自己有足够的智慧可以对别人下命令的人,居然在三更半夜要离开舒适的旅馆,冒着大雨走上好几条街去买香烟。

盖蒂也是生平第一次注意到,他现在早就养成了一个坏习惯,那就是为了一个不好的习惯,他可以放弃极大的舒适。看来,这个习惯对他并没有什么好处,于是,他的头脑立刻就清醒了过来,很快他就作出了决定。

他已经决定好了,就走到桌子旁边把那个烟盒团起来扔出去,然后重新换上睡衣,回到舒服的床上。心里怀着一种解脱,甚至是一种胜利的感觉,很满足地关上灯,合上了眼睛。在窗外的雨声里,他进入了一个从来没有过的深沉的睡眠。自从那个晚上之后,他再也没抽过一根烟,也再没有想过要抽烟。

盖蒂说,他并不是想用这件事来指责那些有抽烟习惯的人。但是他经常回忆那天晚上的情形,他只是为了表示,按照他当时的情况,他差点被一种恶习俘虏。

认知理解

习惯就是人的行为倾向。也就是说,习惯一定是行为,而且是稳定的、甚至是自动化的行为。用心理学的话来说,习惯是刺激与反应之间的稳固链接。坏习惯是一种藏不住的缺点，别人都看得见，他自己看不见，因为习惯就是一种自动化的行为，潜意识表现的行为，并不一定是他自己希望的行为。我们每个人身上一定有很多好的习惯，也一定有些不好的习惯。经常做一件事就会形成习惯，而习惯的力量是难以抗拒的。但是人类还有一种潜藏的缓冲能力，也不容小觑。既然人有可能养成一种习惯，那肯定他也有能力改掉这种习惯。

中学阶段正是好习惯养成的阶段，由于学生年龄小，往往分不清习惯的好坏。因此，教师和家长，要经常引导学生分清哪些是好习惯，哪些是不良习惯，懂得该做什么，不该做什么。

操作训练

1. 习惯模式训练：

步骤一

你想要改掉什么坏习惯？

你想要形成什么样的好习惯？

你打算采取怎样的行动来改掉你的坏习惯？

要做到这一点最容易、最合理的途径是什么？

步骤二

想象自己已经成功改掉坏习惯。

看看自己有多喜欢新形成的、积极的好习惯。

用肯定的态度坚信这个想法。

步骤三

观察自己的行为举止，记住每一次你对自己失言的情景。

记住，不要责备或咒骂自己。

只是客观地观察，然后尽量纠正。

步骤四

至少连续记录21天。

在你自觉地选择了一个新的、积极的习惯模式之后，这四个步骤会有助于你将它牢牢地植入你的潜意识。然后，这个新的习惯模式会逐渐变成自动反应。

2. 记住以下有助于改掉坏习惯的小贴士：

（1）承认你有坏习惯的事实，不要对自己做价值评判。

（2）在着手改掉坏习惯之前，衡量因改掉它而可能带来的好处与为克服它而要付出的代价之间的利弊。

（3）确认一点：只有当你真正想要摒弃你的坏习惯时，你的意志力才会起作用。

（4）你必须相信，改变的结果会满足你的某个需求。

（5）不要因为目前的状况而感到负疚或责怪自己。到目前为止，你的所作所为都在你意识水平允许的范围之内。

随着新的习惯模式的逐渐深入，我们受旧习惯的影响会越来越小。我们必须知道自己在想什么、做什么，要将我们的思想集中在我们关注的领域。

3. "三步原则"：

第一步，消除你生活中所有对你无益的习惯模式。

第二步，找出对你有益的习惯模式，继续保持。

第三步，增加你认为对你有益的新的习惯模式。

将这个"三步原则"运用到你的学习生活中，你会发现你不但能够树立自信，你的人生也会变得更加成功。

训练指导

教育目的

改变学生的坏习惯，从现实开始，养成好的习惯。

主题分析

俄罗斯教育家乌申斯基认为："任何一种习惯都是反射行为，行为的习惯性有多深，它的反射性就有多大。哪里有习惯，哪里就有神经系统在工作。神经体不仅可以有天赋的反射，而且在活动的影响下也有掌握新的反射的能力。"也就是说行为的习惯性越深，反射性就越强，习惯是刺激与反应的稳固连接。所以当我们看到学生们有不良习惯的时候，你就想到是他的神经系统在工作，很顽强地表现出来。但是，这个神经不仅可以有天赋的反射，另外神经体在活动的影响下也有掌握新的反射的能力。这就是说，经过教育，经过培养，人是可以形成新的习惯、新的反射的。

乌申斯基还说："好习惯是人在神经系统中存放的资本，这个资本会不断地增长，一个人毕生都可以享用它的利息。而坏习惯是道德上无法偿清的债务，这种债务能以不断增长的利息折磨人，使他最好的创举失败，并把他引到道德破产的地步。"也就是说，你如果养成了好的习惯，你会一辈子享受不尽它的利息；要是养成了坏习惯，你会一辈子都还不完它的债务。这就是习惯。

训练方法

认知理解法；讨论法；游戏法。

训练建议

1. 要求学生长用"三步原则"自省。

2. 教师结合一些伟人行为习惯养成的实例，引导学生了解好的行为习惯的养成的真正含义。

我爱我的家

情感共鸣

有一个天生失语的小女孩，爸爸在她很小的时候就去世了。她和妈妈相依为命。妈妈每天很早出去工作，很晚才回来。每到日落时分，小女孩就开始站在家门口，充满期待地望着门前的那条路，等妈妈回家。妈妈回来的时候是她一天中最快乐的时刻，因为妈妈每天都要给她带一块年糕回家。在她们贫穷的家里，一块小小的年糕都是无上的美味了啊。

有一天，下着很大的雨，已经过了晚饭时间了，妈妈却还没有回来。小女孩站在家门口望啊望啊，总也等不到妈妈的身影。天，越来越黑，雨，越下越大，小女孩决定顺着妈妈每天回来的路自己去找妈妈。她走啊走啊，走了很远，终于在路边看见了倒在地上的妈妈。她使劲摇着妈妈的身体，妈妈却没有回答她。她以为妈妈太累，睡着了。就把妈妈的头枕在自己的腿上，想让妈妈睡得舒服一点。但是这时她发现，妈妈的眼睛没有闭上！小女孩突然明白：妈妈可能已经死了！她感到恐惧，拉过妈妈的手使劲摇晃，却发现妈妈的手里还紧紧地拽着一块年糕……她拼命地哭着，却发不出一点声音……

雨一直在下，小女孩也不知哭了多久。她知道妈妈再也不会醒来，现在就只剩下她自己。妈妈的眼睛为什么不闭上呢？她是因为不放心她吗？她突然明白了自己该怎样做。于是擦干眼泪，决定用自己的语言来告诉妈妈她一定会好好地活着，让妈妈放心地走……

小女孩就在雨中一遍一遍用手语做着这首《感恩的心》，泪水和雨水混在一起，从她小小的却写满坚强的脸上滑过……

"感恩的心，感谢有你，伴我一生，让我有勇气做我自己……感恩的心，感谢命运，花开花落，我一样会珍惜……"她就这样站在雨中不停歇地唱着……

认知理解

"感恩"是一种生活态度，是一种品德，是一片肺腑之言。如果人与人之间缺乏感恩之心，必然会导致人际关系的冷淡，所以，每个人都应该学会"感恩"，这对于现在的中学生来说尤其重要。因为，现在的学生都是家庭的中心，他们只知有自己，不知爱别人。所以，要让他们学会"感恩"，其实就是让他们学会懂得尊重他人。对他人的帮助时时怀有感激之心，感恩教育让学生们知道每个人都在享受着别人通过付出给自己带来的快乐的生活。当学生们感谢他人的善行时，第一反应常常是今后自己也应该这样做，这就给同学们一种行为上的暗示，让他们从小知道爱别人、帮助别人。

操作训练

1. 教师讲述：提到家，相信绝大部分同学都会倍感温馨。家到底是什么呢？现在的你也许这样认为：在家中得到满足和幸福的时候，家是乐园；每当与家人发生冲突和矛盾的时候，家又成了牢笼。不管是乐园还是牢笼，家是我们一生都难以割舍的地方。我们应该如何正确地面对家呢？

2. 每个同学写三句以上有关"家"的句子。

3. 教师发给每个学生一份"家庭写真"问卷，让学生按自己的实际情况填写，使学生从了解家人的个性及贡献开始，了解自己的家庭，逐步学会对家人表示感激，为家庭做些奉献。

（1）我父亲的生日是_____，他性格_____，爱好是_____。父亲在家中担负_____等家务。他是个_____的人。

（2）我母亲的生日是_____，他性格_____，爱好是_____。母亲在家中担负_____等家务。她是个_____的人。

（3）我的生日是_____，我性格_____，爱好是_____。我在家中担负_____等家务。父母对我的期望是_____。

（4）我认为对家贡献最大的人是_____，享受最多的人是_____。

（5）我与父母和睦相处的时候（多于，少于）不和的时候。

（6）我与父母争吵或冲突的原因往往是_____。

（7）我的存在给父母的欢乐（多于，少于）给父母的负担。

（8）做完以上的填空，我对家的反应是_____。

4. 读读想想

某学生从初三开始感到回家成了一种负担，一想到进了家门举手投足都要受父母的监控就心烦不安。该生父母总是按他们的想法来塑造孩子，反对孩子看与考试无关的课外书和电视电影，禁止孩子与同学聚会等等。某天晚上，该生下晚自习回到家后即安静地在房间里写日记。母亲走进来，装作漫不经心的样子往日记本上瞟了几眼，扔下一句话"时间不早了，该干正经事了"。父母的过分操心和干涉，使该生感到讨厌、无奈和压抑，常和父母发生冲突。

这段小短文中，该学生与父母冲突的关键点在哪？怎样理解？如果是你，你怎么做？

训练指导

教育目的

1. 了解自己的家庭，认识自己与家的关系。
2. 认识家庭矛盾产生的原因。
3. 学会解决家庭矛盾。
4. 学会体谅父母，用行动表达爱心。

主题分析

感恩是积极向上的思考和谦卑的态度，它是自发性的行为。当一个人懂得感恩时，便会将感恩化作一种充满爱意的行动，实践于生活中。一颗感恩的心，就是一个和平的种子，因为感恩不是简单的报恩，它是一种责任、自立、自尊和追求一种阳光人生的精神境界！感恩是一种处世哲学，感恩是一种生活智慧，感恩更是学会做人，成就阳光人生的支点。从成长的角度来看，心理学家们普遍认同这样一个规律：心的改变，态度就跟着改变；态度的改变，习惯就跟着改变；习惯的改变，性格就跟着改变；性格的改变，人生就跟着改变。

教师启发学生感激父母，向学生指出：我们每个人都从父母那里得到许多，如放学回家有饭吃，衣服旧了有新的换，开学要交学杂费……提供这一切的父母不容易。我们千万别以为这一切都是随手可得和理所当然的。当父母全力为孩子付出的时候，也十分在意孩子的反应，我们不要对父母的付出熟视无睹。

训练方法

讲述法；讨论法；角色表演法。

训练建议

1．教师向学生讲述关于感恩家庭、感恩父母的故事。

2．让学生填"家庭写真"问卷。

3．引导学生进行小组讨论，互评。

4．让学生以"我爱我的家"为题，写一篇作文。

4．教师总结，点出主题。

阳光总在风雨后

情感共鸣

贝多芬一生中，贫困、疾病、失意、孤独等种种磨难折磨着他，其中最大的灾难是耳聋给他带来的痛苦。

贝多芬28岁时，由于疾病，听觉就开始减退，到了48岁，再优美的歌声他也听不见了。他只能用书写的方式来和别人交流。

即使这样贝多芬仍进行着创作。他的不朽名作——九十部交响曲的后七部，都是在失聪的情况下完成的。而其中的第三、第五、第六和第九部交响曲被认为是永恒的杰作。

他用敏锐的观察力来感受人类、社会和大自然。为了起草一部曲子，他经常花几个月甚至几年的时间反复推敲，精心锤炼。例如第五交响曲的创作，他就花了八年的时间。

贝多芬在给他的兄弟卡尔和约翰的信中倾诉了耳聋给他带来

的莫大的痛苦以及他战胜疾病的决心："在我身旁的人都能听到远处的笛声，而我却听不到，这是何等的耻辱啊！这样的情景曾把我推到了绝望的边缘，几乎迫使我结束了自己的生命。但是，我的艺术，只有我的艺术要我活下去。"贝多芬在这种困境中曾大声疾呼："我要扼住命运的咽喉，它不能使我完全屈服！"为了艺术，他牺牲了平庸的私欲，战胜了一切不幸。他说："牺牲，永远把一切人生的愚昧为你的艺术去牺牲！艺术，这是高于一切的上帝。"

认知理解

挫折是指人们在有目的的活动中，遇到无法克服或自以为无法克服的障碍或干扰，使其需要或动机不能得到满足而产生的障碍。心理学指个体有目的的行为受到阻碍而产生的紧张状态与情绪反应。中学阶段在心理学上称为"第二断乳期"。这个阶段学生的心理发展极不平衡，往往导致认识和情感上出现某种消极的状态，从一个极端走向另一个极端。这些特点决定了他们容易受挫并产生挫折行为。

现今的学生尽管在意志品质的发展方面随年龄的增长有所进步，但有些学生的耐挫能力低，一遇上不顺心的事就会承受不了。因此，很有必要进行关于挫折与成长的学习。青少年只有经受住挫折的考验才会成长，同时培养学生积极阳光的生活态度。

操作训练

1. 关于抗挫能力的问卷调查

（1）你认为什么才叫挫折？

A．没有认真想过　　　　B．挫折就是困难

C．挫折是遇到无法克服障碍或干扰，其需要或动机不能得到满足而产生的消极反应。

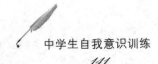

D. 挫折是一种积极地反应

（2）在生活中你是否经常面对挫折

A. 是　　　　　B. 一般　　　　　C. 几乎没遇到过

（3）你对待挫折的态度是

A. 积极　　　　B. 消极　　　　　C. 视情况而定

（4）当你因为挫折而意志消沉时，你会

A. 对外宣泄　　B. 转移注意力　　C. 置之不理

（5）你认为挫折一般来源于你的

A. 学习　　　　B. 生活　　　　　C. 其他

（6）进入高中后，对紧张的学习生活，你是否感到不太适应

A. 从来没有　　B. 有时　　　　　C. 总是如此

（7）你认为目前你的压力来自

A. 老师的期望　B. 家庭的期望　　C. 自己的期望

（8）一般情况下，你会如何缓解自己的压力

A. 与别人面对面交谈　　　　　B. 通过电话与朋友交谈

C. 通过书信与外界交流　　　　D. 通过网络来缓解

（9）你能长时间做一件重要但枯燥无味的事情吗？

A. 不能　　　　B. 偶尔可以　　　C. 能

（10）一次考试失利，对你会有怎样的影响

A. 情绪波动很大　　　　　　　B. 认为自己很无能

C. 和以前一样　　　　　　　　D. 更加努力

（11）你常为短时间内成绩没有提高而苦恼不已吗？

A. 从不　　　　B. 有时　　　　　C. 总是

（12）为了及时完成某项作业，你会

A. 废寝忘食，通宵达旦　　　　　B. 参考别人的

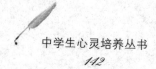

C．完全照抄别人的

（13）你认为，普遍而言，以下做法中哪一个最能有效地减小对中学生的负面影响的压力？

A．树立正确的人生观　　B．培养健康的兴趣爱好

C．形成良好的人际交往系统　D．培养心理承受能力

2．实例分析

爱好体育运动的小波渴望加入校足球队，因为它是市冠军队。小波认为自己头脑灵活，反应敏捷，敢打敢冲，是当运动员的料。他兴冲冲地找到教练，不料被拒绝了，理由是身体单薄，耐力较差。

（1）小波遇到的挫折是什么？挫折对小波会造成什么影响？

（2）战胜了挫折会怎样？被挫折打倒后又怎样？

（3）你怎样对待成长中的挫折？

3．解决挫折的方法

（1）遇到挫折时应进行冷静分析，从客观、主观、目标、环境、条件等方面，找出受挫的原因，采取有效的补救措施。

（2）要经常保有自信和乐观的态度，要认识到正是挫折和教训才使我们变得聪明和成熟，正是失败本身才最终造就了成功。

（3）向他人倾诉你遭受挫折心中不快以及今后打算，改变内心的压抑状态，以求身心的轻松，从而让目光面向未来。

（4）学会自我宽慰，能容忍挫折，要心怀坦荡，情绪乐观，发奋图强，满怀信心去争取成功。

（5）补偿。原先的预期目标受挫，可以改行别的途径达到目标，或者改换新的目标，获得新的胜利，即"失之东隅，收之桑榆"。

（6）升华。人在落难受挫之后奋发向上，将自己的情感和精力转移到有益的活动中去，使之升华到有益于社会的高度。

（7）应善于化压力为动力。遇到挫折和失败时，要善于化压力为动力，从逆境中奋起。

训练指导

教育目的

1. 教育学生能够正视人生的各种挫折，明白挫折不可避免，但只要积极面对就有助于成长。

2. 让学生掌握几种正确对待挫折的方法，树立积极的人生价值观。

主题分析

从心理学上分析，人的行为总是从一定的动机出发，经过努力达到一定的目标。如果在实现目标的过程中，碰到了困难，遇到了障碍，就产生了挫折，挫折会产生各种各样的行为。表现在心理上、生理上会有反应。遭受严重挫折后，个人会在情绪上表现抑郁、消极、愤懑；在生理上，会表现血压升高、心跳加快易诱发心血管疾病；胃酸分泌减少、会导致溃疡、胃穿孔等。总之，个人的挫折会产生反常行为。

在现实生活中，不遭受挫折是不可能的。因此，教师在教学中就要给学生贯彻遭受挫折的思想，让学生有充分的心理准备，不至于遭到挫折便束手无策。教师要教育学生在任何情况下都要有敢于面对现实的勇气，在逆境中也能够顺利走出来，满怀激情地拥抱生活。只有这样，才能够培养学生百折不挠的探究精神，从而提高其适应社会的能力。

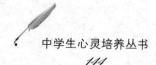

训练方法

榜样引导法；小组讨论法；问卷调查。

训练建议

1. 让学生依次介绍自己受到的最大挫折。

2. 师生共同讨论对付挫折的办法。

3. 以"阳光总在风雨后"为题目，写一篇关于挫折与成长的论文。

浅议学习态度

情感共鸣

三种不同的学习态度

情境一：小明放学回到家，丢下书包就去踢足球；吃了晚饭又要看电视，妈妈说："小明，你不做家庭作业吗?"小明说："一会儿再做。"他又继续看电视，直到他喜欢看的电视节目播放完，他才坐到书桌前写作业，可没写多久，遇到了不会做的题，他就不写了。

情境二：期中考试，小力的语文和数学都只得了65分。爸爸妈妈说他："小力，你的成绩这么低，后半学期要努力才行。"他回答说："我已经考及格了，这就行了，干吗还要努力?"

情境三：星期五下午，小文放学回到家，与爸爸妈妈打个招呼，就自觉地拿出家庭作业认真做了起来。妈妈说："小文，明天

是星期六，今晚就休息了，明天再写吧。"小文说："明天我参加学校合唱团的排练，今天晚上得把作业写完。"

1. 三组情境中哪组同学的学习态度正确？哪组不正确？

2. 良好的学习态度有哪些表现？

3. 不同的学习态度对学习有何影响？

认知理解

态度是个人对他人、对事物的比较持久的肯定或否定的内在反应倾向。所谓学习态度，一般是指学生对学习及其学习情境所表现出来的一种比较稳定的心理倾向，他影响着学生对学习的定向选择。学生的学习态度，具体又可包括对待课程学习的态度、对待学习材料的态度以及对待教师、学校的态度等。学习态度由认识、情感和行为意向三种心理成分构成。认识成分是指学生对学习活动或所学课程的一种带有评价意义的认识和理解，它反映着学生对学习的价值的认识，它是学习态度的基础。情感成分是指学生伴随认识而产生的情绪或情感体验，如对学习的喜欢或厌恶等，由于情感本身就反映出学生的学习态度，因此，对学习持肯定态度的学生，有较强的学习愿望，他总是积极参与各种学习活动，自觉地学习，从而获得较高的学习效率；对学习持否定态度的学生，则对学习没有积极性，他不能自觉地认真学习，而总是比较被动，其学习效率自然也较低。

操作训练

1. 认真填写学习态度自查表。将与你情况相符的选项的序号打"√"。

（1）没有大人督促，你能主动学习吗？

A. 主动　　　B. 有时主动　　　C. 不主动

（2）你是否认为不努力学习是不行的？

A．是认为　　　B．时常认为　　C．偶尔认为

（3）坐在书桌前进行学习时，是否感到厌烦？

A．立刻厌烦　　B．有时厌烦　　C．不厌烦

（4）你讨厌学习时，是否找"头痛""肚子痛"等理由为借口？

A．有时找　　　B．通常不找　　C．决不找

（5）你是否认为，根据自己的情况，必须拼命学习？

A．总是认为　　B．经常认为　　C．偶尔认为

（6）你是否认为学习没意思？

A．经常认为　　B．有时认为　　C．不认为

（7）成绩不好的科目你是否更努力去学习？

A．会更努力　　B．有时更努力　C．不更努力

（8）在家学习时，你是否规定好：什么时间学习什么功课？

A．有规定　　　B．有时有规定　C．没有规定

（9）你有没有因为看电视或和同学玩耍的时间过长而挤掉了学习的时间？

A．经常这样　　B．有时这样　　C．不这样

（10）你是否曾经为了学习而不按时吃饭和睡觉？

A．经常是　　　B．有时是　　　C．不是

（11）你是否因为不理解功课而厌烦？

A．经常厌烦　　B．对有些学科厌烦C．不厌烦

（12）你是否预习功课？

A．基本上预习　B．有时预习　　C．不预习

（13）老师留的课后作业，你是否尽早完成？

A．基本上是　　B．有时是　　　C．往往不是

（14）听课中有不明白的地方，你是否在休息时和放学后向老师或同学请教？

A．基本如此　　B．有时如此　　C．不如此

（15）学习时，你能努力在规定的时间内完成任务吗？

A．总是努力　　B．有时努力　　C．不努力

2．读读想想：你是否有端正的学习态度？

（1）你是否有强烈的求知欲和努力学习的愿望？

（2）你是否有主动积极的进取精神？

（3）你学习是否认真？

（4）你是否自觉独立地完成各科的学习任务？

以上几个问题回答"是"的越多，说明学习态度端正，否则就相反。

3．成语接力竞赛

分两组竞赛，一组说出描写好的学习态度的成语，另一组说出表现不好的学习态度的成语，看哪一组的同学在规定的时间里说的成语多。

训练指导

教育目的

1．了解学习态度的含义。

2．了解学习态度对学习的影响。

3．了解自己的学习态度。

4．培养正确的学习态度。

主题分析

个人态度的形成是有阶段性的。儿童最初从家庭中获得很多

待人接物的态度，这时的态度是十分具体的，范围是狭窄的，概括性和稳定性都很低。后来，随着活动范围的扩大，知识的增长，少年儿童的态度就逐渐概括化。到了青年期，随着对人生意义的探索，理想、信念和世界观基础的形成，个人比较稳定的态度就出现了。

从态度的习得方式来看，条件反射的学习是态度形成的基础。人们在满足需要过程中，可以形成特殊的态度。对于能满足需要并引起快感的客体一般会形成肯定的态度，而对妨碍需要满足的事物就容易形成否定态度。

学生学习态度的形成，与周围人物和环境的影响密切相关。一个有威信、热爱学生并作为学生敬爱的教师，良好的班集体以及勤奋学习并为学生所喜爱的友伴，都有助于学生形成积极的学习态度。改变学生的不良学习态度或建立一种新态度虽然比较困难，但并不是不可能的。只有当教师耐心细致地引导学生对改变态度的要求有所认识，并由学生自己作出选择和决定时，真正的态度改变才是可能的。因此，教师应注意充分发挥同伴对学习的积极影响作用，多通过学习好、又得大家喜欢的好学生来带动其他后进的学生，教师本人也需对学生多给予期望和鼓励，以帮助学生良好态度的形成。

训练方法

角色扮演法；讨论法；自我测察法。

训练建议

在班级内组织学习经验交流会，请班上学习成绩最好的同学和学习进步最大的同学作学习经验报告，与大家交流学习的经验，并回答同学们的提问，教师予以补充。

学会欣赏

训练内容

情感共鸣

在一座山边，住着一头骆驼和山羊，他们是邻居也是朋友，常常一起出门去找食物。但骆驼长得又高又大，而山羊长得又矮又丑，所以骆驼常常瞧不起山羊。有一天，他们来到一片树林，刚好有一棵桃树在那里，他们是最喜欢吃桃树的叶子的，两个马上跑过去要吃。高大的骆驼马上吃了起来，可是山羊太矮了，吃不到叶子。

山羊："骆驼大哥，我吃不到，你摘一些下来给我吃吧！"

骆驼瞧了他一眼。

骆驼："什么？这么矮的树你都吃不到，你想吃，是吗？等我吃饱了，再咬一些下来给你好了。"

山羊："算了，我不想吃了，我先回去了。"

山羊的心里很难过，失望地离开了。

又过了几天，他们两个又一起出去找食物，这一次，他们经过一个菜园，里面长了好多花椰菜，都是他们喜欢吃的，不过园子外头围着竹篱笆，骆驼进不去。可是山羊一钻就进去了，开始吃起花椰菜来。骆驼在篱笆外头看得好着急。

骆驼："山羊老弟，花椰菜好不好吃？"

山羊："嗯……嗯……好吃。"

骆驼："山羊老弟，我们不是好朋友、好邻居吗？有好食物，我们应该一起吃吧？"

山羊："当然，当然，你进来吃呀！"

骆驼："可是我进不去呀！"

山羊："什么？这篱笆的洞这么大你都钻不进来？你想吃，等一等，等我吃饱了，我再带一些出来给你好了。"

骆驼："什么？你这是什么邻居，什么朋友？"

就在这个时候……山羊从篱笆洞里钻了出来，咬了一些花椰菜出来。

山羊："骆驼大哥，你生什么气呢？前几天你不也是这样说过我？我只是学你而已。"

骆驼愣住了，他好后悔。

骆驼："我……我……"

山羊："算了，你什么都别说了，赶快吃吧！"

骆驼："山羊老弟，对不起。"

认知理解

骆驼与山羊的故事给了你什么启示？这个故事告诉我们，要用欣赏的眼光看别人，要看到他人的长处，给他人留有余地，同时也给自己留了余地。因此，我们要用欣赏的眼光看世界。我们的心灵就像摄像机，眼睛便是摄像机的镜头，面对社会，面对生活，我们在自己的心中拍下什么录像片，全由自己说了算。社会再发展一万年，也还会有垃圾，也还会有坏人。一个人再优秀，身上也有缺点。问题在于，我们应该让自己心灵的摄像机对准什么，这常常决定自己心灵世界的阴暗还是晴朗。

如果一个人一天到晚不用欣赏的眼光看周围的世界，久而久之，他心灵的录像带，左一盘，右一盘，就会全是那些假恶丑脏的东西，于是内心一片黑暗；心灵会"感冒""生病"，从而导致不健康。

相反，如果从小多欣赏美的东西，如阳光、鲜花、团结、友爱、勤奋等。时间长了，他心灵深处，充满了这些催人奋进的因素，于是他昂扬，他奋发，他乐观，他豁达，他觉得天晴地朗，自己的内心一片光明。学会欣赏，不仅指你从心理欣赏别人，还要学会让对方感觉到你的欣赏，即要把你的欣赏沟通给对方。

操作训练

1. 故事引入

（1）乌鸦与孔雀

在一个宁静的花园里，一只黑乌鸦栖息在一棵橘子树上。一只美丽的孔雀正在绿草如茵的地上散步。乌鸦看见后，叫道"是谁让这只怪鸟跑到花园里来的？瞧他走路的样子，就好像他是国王似的。他的脚步多难看啊！他的羽毛，怎么是可怕的蓝色？我可没有这种颜色的羽毛。他拖着尾巴像只狐狸。"乌鸦叫完后等着孔雀回答。

过了一会儿，孔雀忧郁地笑了笑说"我想，你说的并不符合事实，你错怪我了。你说我傲慢，那是因为我只有高高仰起头，才能使我肩上的羽毛伸展开来，以免损坏我的外貌。我其实并不傲慢。我知道我并不好看，我知道我的脚皱得像块老牛皮，这使我很烦恼，所以我仰起头来不看我的脚，你仅仅看了我丑的部分，你闭上眼睛看不见我的好处、我的美貌。你难道不知道，你说我丑，而人们却赞美我的美丽吗?"

(2) 玫瑰与刺

一个人种下一株玫瑰，精心为它浇水。慢慢地玫瑰开始发芽，长出了花骨朵。这时他发现玫瑰的枝干上长满了刺，他心想:"美丽的花朵怎能出自带刺的枝干?"这个想法让他失望，并不再为玫瑰浇水。就这样，玫瑰花在就要开放的时候枯萎了。

其实，每个人的心中都有一株玫瑰，而玫瑰却也少不了尖利的刺。

我们中的一些人看自己的时候只看见那些刺，也就是自己身上的缺点，他们对此感到失望，并认为自己没有什么有价值的东西。于是他们就拒绝灌溉自己的内心，久而久之，心中的玫瑰就枯萎死去。这样一来，就再也发掘不出自己体内巨大的潜力了。

但是，既然有些人看不见自己心中的玫瑰，其他人就应该帮助他们看见。

一个人能够具有的最大美德之一就是透过枝干上的刺发现别人心中的玫瑰。这就是爱的品质。

正视一个人，并了解他的不足，接纳他，并同时发现他内心的美丽，帮助他认识到这种美丽能够弥补不足。

如果我们能够帮助这些人看到自己心中正在茁壮成长的玫瑰，他们就将超越枝干上的那些刺。

只有这样，他们才能最终看到玫瑰花的盛开，并且不止一次。

2．话题讨论

（1）你喜欢故事中的乌鸦吗？为什么？

（2）生活中你见过像这样的乌鸦的人吗？

（3）玫瑰与刺的故事告诉我们什么道理？

（4）思考并讨论：你们是要用乌鸦的眼光看世界还是欣赏玫瑰的眼光看世界？

（5）写出感受。

3．小游戏：三人运球

三人一组，分别遮住一人的眼，绑住一人的双手和另外一人的双腿，代表不同的人自身存在不同的优、缺点，再给每组两个球，代表贵重物品。要求三人团结合作。将贵重物品运送到目的地。

训 练 指 导

教育目的

1．明白人无完人的道理。学会用欣赏的眼光看待他人。

2．懂得不会欣赏是一种不健康的人际沟通形态。

3．初步感受学会欣赏而获得的愉悦。

4．学会常作欣赏沟通。

主题分析

很多独生子女不会欣赏自己的父母，不会欣赏周围的同学，不会欣赏自己。他们对周围的人，很少看到他们的亮点，因而有太多的抱怨，太多的不满，周围的人和世界在他们眼里不屑一顾。中学生是心理成长的关键期、好像什么都懂，又好像什么都不懂，教会他们学会欣赏，有良好的心理健康状态，是当今社会每一个人的责任。如今这一代受宠娇惯的独生子女，虽然他们的生活被照顾得无微不至，然而学习压力比任何一代人都要大，因此，许多学生心理存有不同的健康问题。为了让学生们从小都有一颗健康的心，人人都有一双会欣赏的眼睛，教师要经常引导学生学会欣赏，学会分享，学会倾听，接纳，拒绝等等，学会面对不公平，嘲笑，误解等等，这些都是当代中学生应当学习的。

训练方法

故事引入法；讨论法；情境体验法。

训练建议

1. 让学生多读欣赏他人的美文，开阔心胸。

2. 多开展互助小活动，增进同学们之间的沟通、交往。